Hobbyelektronik mit SMD-Technik

Grundlagen und Praxis

Thorsten Feuchter

Verlag für Technik und Handwerk neue Medien GmbH
Baden-Baden

vth - Fachbuch
Best.-Nr.: 310 2264

Redaktion: Oliver Bothmann

Bibliografische Information der Deutschen Nationalbibliothek:
Die Deutsche Nationalbibliothek verzeichnet diese Publikation
in der Deutschen Nationalbibliografie; detaillierte bibliografische
Daten sind im Internet über http://dnb.d-nb.de abrufbar.

ISBN: 978-3-88180-479-0

Postfach 22 74, 76492 Baden-Baden

Printed in Germany
Druck: Colordruck Solutions GmbH, Leimen

Thorsten Feuchter

Hobbyelektronik mit SMD-Technik

Grundlagen und Praxis

Inhaltsverzeichnis

SMD was ist das

Die drei magischen Buchstaben bedeuten weder „Such Mich Doch“ noch „Schwer Montierbare Dinger“, wie es von den Skeptikern gerne behauptet wird. Vielmehr haben wir es hier mit „Surface Mounted Devices“, also oberflächenmontierten Bauteilen zu tun.

So ist dann auch die Baugröße selber nur ein Antrieb bei der Entwicklung gewesen. Es ging auch darum, die Herstellung von Platinen zu vereinfachen und auf automatische Bestückungsroboter hin zu optimieren. Dass man im gleichen Zuge auch die Gehäuse von überflüssigem Material befreit hat, lag auf der Hand. Denn nun musste kein Mitarbeiter mehr die Bauteile mit der Hand in die vorgebohrten Platinen fädeln. Auch das Gurten der Bauteile für die Bestückungsautomaten und dadurch die Verarbeitung wurde erleichtert. Denn üblicherweise verarbeitet die Industrie die Bauteile nicht in loser Form aus dem Schuhkarton, wie viele Modellbauer. Vielmehr werden die Bauteile zumeist an einem Strang der Bestückung zugeführt. Bei den herkömmlichen Bauteilen geschieht dies durch Klebeband an den Anschlussdrähten. Bei kleineren und SMD Bauteilen in einem langen Gurt, wobei die Bauteile zumeist in kleinen Fächern liegen. Dass sich aufgrund der neuen Abmessungen die Entwicklung mobiler Geräte deutlich beschleunigt hat, spornt die Industrie zu immer kürzeren Evolutionsschritten an. War es anfangs eher die Luft und Raumfahrt gewesen, die Bedarf an leichter und kleiner Elektronik hatte, finden wir die SMD-Technik mittlerweile in fast allem, was einen Stecker oder eine Batterie hat.

Aber hier soll es nicht um die Beschreibung der neuesten Superlative gehen, sondern um die Handhabung des Elektronikstaubes für unsere Zwecke im Modellbau.

Für uns Modellbauer ergeben sich aufgrund dieser Entwicklung einige bislang unbekannte Herausforderungen. Haben wir zuvor noch unsere Schaltungen auf Lochrasterplatinen aufbauen können, indem wir die bedrahteten Bauteile mit der Hand und bloßem Auge durch die Löcher gefädelt und dann von hinten mit Draht verkabelt haben, sitzen wir nun mit der Brillenlupe und heller Beleuchtung vor geätzten Platinen. Zudem gleicht der Arbeitsplatz – im optimalen Fall – einem Reinraum, um heruntergefallene Bauteile wiederfinden zu können.

Zugegeben so extrem wird es nicht bei jedem zugehen. Jedoch sind eine gute Beleuchtung und ein sauberer Arbeitsplatz schon mit gewissen Vorzügen behaftet.

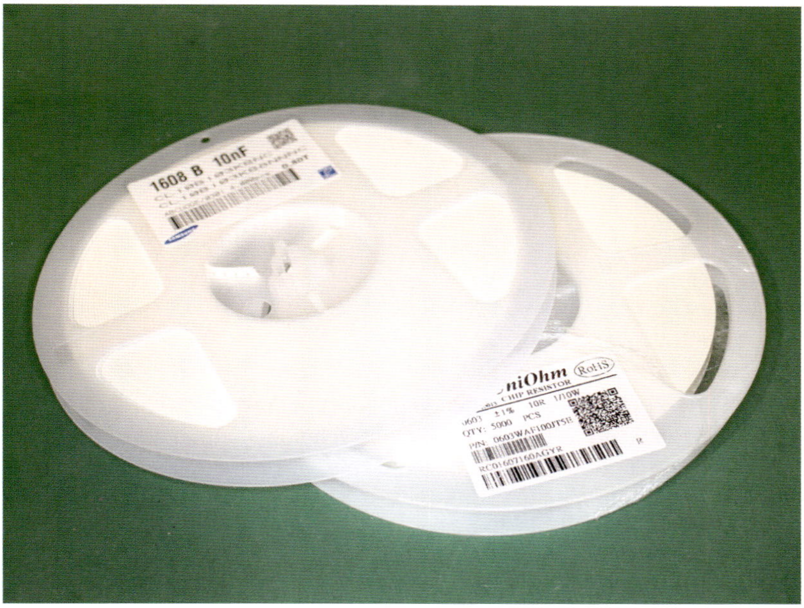

Die Bauteile liegen fein säuberlich aufgereiht in kleinen Wannen, sodass Sie vom Bestückungsautomaten gegriffen werden können

Möglichkeiten im Modellbau

Warum sollten wir die SMD-Technik überhaupt im Modellbau einsetzen? Zum einen wird es zunehmend schwieriger die klassischen Bauteile überhaupt zu bekommen. Dieser Umstand schlägt sich dann auch im Preis nieder. Waren die SMD-Teile zunächst nahezu unerschwinglich, bekommt man sie heute für wenige Cent, während es die bedrahteten Teile nur auf Sonderbestellung zu entsprechend hohen Preisen gibt.
Zum anderen ist es auch für uns Modellbauer interessant, die Elektronik auf kleinem Raum unterzubringen. So können elektrischen Komponenten besser versteckt werden und wo früher ein Fahrtregler durch die Windschutzscheibe lugte, haben wir jetzt Platz für eine vorbildgetreue Inneneinrichtung. War es bislang schwierig in einem kleinen Modell gerade einmal die Fahrfunktion unterzubringen, können wir nun zahlreiche Sonderfunktionen platzieren.

Zu guter Letzt kommen wir um die SMD-Technik nicht herum, wenn es defekte Module zu reparieren gilt. Spätestens hier ist das Leben kein Wunschkonzert und wir können das Funktionsmodul andernfalls entsorgen, wenn mal eine Endstufe durchbrennt.

Vergleicht man einen modernen Vierkanalempfänger mit einem Modell von vor 30 Jahren, wird der Vorteil der Miniaturisierung sehr deutlich. Dabei arbeiten beide noch im analogen Verfahren, sind als prinzipiell vergleichbar

Besonderheiten

Die Größe

Dank konsequenter Miniaturisierung und fertigungstechnischer Möglichkeiten werden die Bauteile immer kleiner. Getrieben durch den Markt und den Bedarf an kleinen Helferlein vom Mobiltelefon, über Tablets, bis hin zu jenen kleinen Gizmoos welche heute in jedem batteriebetriebenen Gerät stecken, hat die Industrie für jeden Fall das passende Bauteil. Gab es früher eine Handvoll Hersteller, welche mehr oder weniger genormte Bauteile herstellten, finden wir heute durch die speziellen Anforderungen der Gerätehersteller und die Möglichkeiten in der Fabrikation einen bunten Strauß an Bauformen, Kennzeichnungen und Abmessungen. Auch wenn sich hier einige Eigenschaften als „üblich“ definieren lassen, sind wir von einer „Normung“ noch sehr weit entfernt.

Das erhöht natürlich den Aufwand an Dokumentation. Auch die Beschaffung der Teile wird zur Herausforderung. Da nicht jeder 100-uF-Kondensator auf die entsprechenden Pads der jeweiligen Platine passen wird.

Eine kleine Auswahl an SMD-Bauteilen

Temperatur

Eine weitere Besonderheit der SMD-Bauteile ist rein physikalisch bedingt. Naturgemäß erwärmen sich die Dinge, sobald sie anfangen zu arbeiten. Während wir beim Schleppen von Cola-Kisten in den 4. Stock anfangen zu schwitzen, um überschüssige Wärme durch Verdunsten los zu werden, müssen die elektrischen Kollegen ihre Wärme anderweitig abgeben. Durch die geringe Fläche gegenüber den herkömmlichen elektrischen Bauteilen wird es noch schwieriger, die zumeist unerwünschte Wärme an ihre Umgebung abzugeben. Erschwerend kommt hinzu, dass sich nun auf der gleichen Platinenfläche deutlich mehr Bauteile tummeln, was dieses Problem zusätzlich noch einmal verstärkt. Um dann noch eines draufzusetzen, wird die Montage eventueller Kühlkörper auch komplizierter. Haben herkömmliche Leistungstransistoren noch Flächen zur Wärmekopplung und Bohrungen zur Befestigung, müssen die Kühlkörper nun anderweitig fixiert werden und auch die wärmkoppelnde Fläche ist kleiner.

Leistungsfähigkeit

Bedingt durch die schlechtere Wärmeableitung und das filigrane Innenleben dieser Bauteile haben sie oftmals eine geringere Belastbarkeit und engere Toleranzen. Natürlich wird dieser Effekt durch erhöhte Leistungsfähigkeit aufgrund hochwertigerer Materialien zum großen Teil wieder ausgeglichen, jedoch nicht immer zu 100%. Nicht zuletzt deswegen lohnt sich auf jeden Fall ein Blick in das dazugehörige Datenblatt. Seriöse Händler haben die jeweiligen Datenblätter ebenfalls parat. Oftmals auch im Internet zum Herunterladen auf der Shop-Seite. Zur Not helfen hier die einschlägigen Internetsuchmaschinen bei der Beschaffung der Informationen. Spätestens beim Hersteller sollten diese Unterlagen kostenlos zur Verfügung stehen. Natürlich bietet auch hier der Buchhandel zumeist passende Literatur feil, wobei man hier schon darauf achten sollte, dass dies dann nicht nur ein Ausdruck der frei verfügbaren Herstellerdokumentationen ist.

Handhabung

Im Gegensatz zu den klassischen Bauteilen ist hier Umdenken gefragt. Wurde früher mit der bloßen Hand das Teil durch die Platinenlöcher gefädelt und durch Umbiegen der Drähte bis zum Lötvorgang fixiert, haben wir nun keine Drähte mehr und die Teile verschwinden in den Fingerkuppen. Womit wir auch schon zum spannenden Kapitel der Arbeitsumgebung und des Handwerkszeugs kommen.

Es muss kein Reinraum sein. Jedoch sollte die Arbeitsfläche schon einige Voraussetzungen erfüllen

Die Werkstatt

Natürlich muss die Modellbauwerkstatt nun nicht gleich neu eingerichtet werden. Je nach Häufigkeit der Elektronikarbeiten und Geschick des Werkstattleiters kann man in fast jeder Umgebung die kleinen Kameraden verarbeiten. Dennoch gibt es einige Kniffe und Lösungen, die den Umgang zumindest mal erleichtern.

Da es sich hier um ein Buch über SMD handelt, wollen wir auch bei der Werkstattausrüstung mit der Lagerung unserer Hauptdarsteller beginnen.

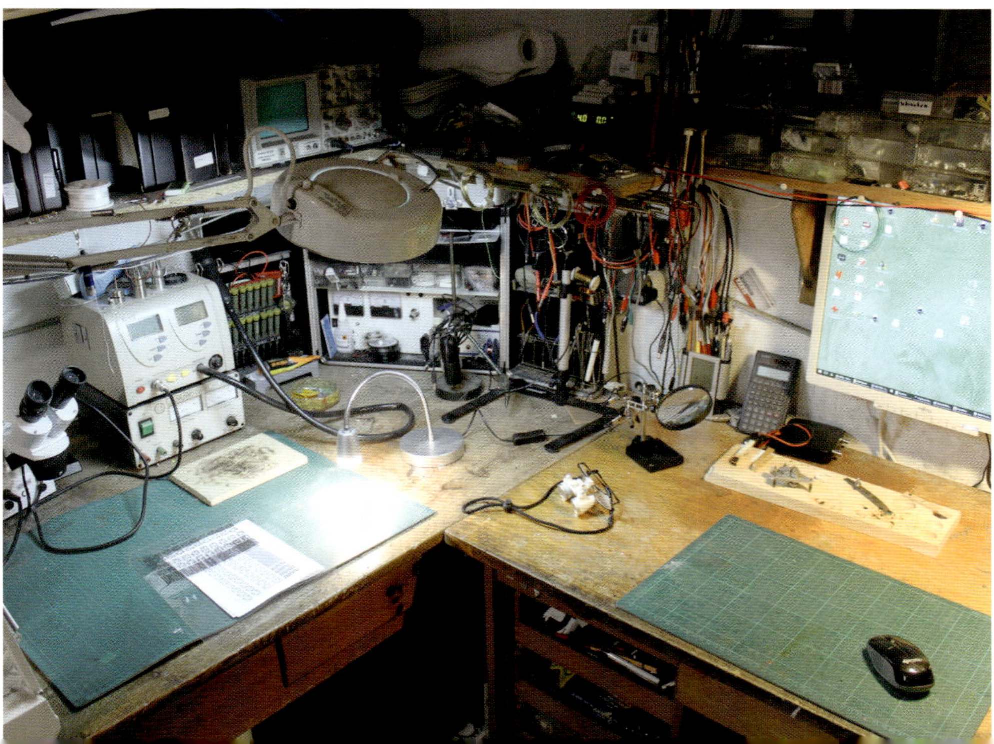

Aufbewahrung

Aufgrund ihrer Abmessungen sollte die Aufbewahrung mit etwas Sorgfalt erfolgen. Auch hier hat der findige Bastlerhandel allerlei mehr oder weniger sinnvolle Lösungen parat. Da ich mir hier nicht anmaßen will, das eine oder andere System zu bewerten, will ich hier mein gelebtes Konzept erläutern. Jedoch sollte klar sein, dass die Zeiten der drei beschrifteten Schuhkartons mit „Widerständen" „Kondensatoren" und „Sonstigem" vorbei sind.

Aus rein wirtschaftlichen Gründen bestelle ich selten einzelne Bauteile, sondern je nach Händler und Preisstaffel 30 oder mehr Teile gleichen Typs. Die Händler bieten hier zum Teil interessante Staffelpreise. Kostet ein einzelner Widerstand schon mal 20 Cent beim örtlichen Elektronikdiscounter, findet man bei der Abnahme von 30 Stück auch Preise von unter einem Cent pro Stück für das gleiche Bauteil. Die Bauteile kommen dann gegurtet, das bedeutet fein säuberlich in einer Reihe verpackt. In dieser Verpackung belasse ich sie üblicherweise bis zum Einsatz. Einmal gehen sie in der Herde nicht so leicht verloren. Außerdem lassen sich diese Gurte wunderbar mit dem Edding beschriften und in haushaltsüblichen Kleinteilmagazinen aufbewahren. Bei kleineren Gebinden oder auch als „Handvorrat" verwende ich transparente Sortierkästen mit festen Einteilungen. Je nach Bauteil werden diese z.B. bei ICs und Transistoren sortenrein befüllt. Ebenso bei nicht gekennzeichneten Kondensatoren, jeweils mit einem kleinen Notizzettel in dem betreffenden Fach. Elkos und Widerstände teilen sich je Zehnerdekade ein Fach. Keine Regel ohne Ausnahme, auch bei mir gibt es natürlich noch die im Modellbau fast schon übliche Wühlkiste, in der sich eigentlich alles irgendwie tummelt. Werden irgendwo einmal Teile ausgelötet, finden sie hier ein neues Zuhause. Diese Kiste wird zumeist zurate gezogen, wenn sich Samstag-Abend nach der Ladenöffnungszeit offenbart, dass genau ein bestimmter Widerstandswert fehlt.

Auch wenn die Industrie spezielle SMD-Boxen anbietet, haben sich bei mir einfache Kleinteilmagazine bewährt. Hier kann man bequem reingreifen und die passenden Werte identifizieren. Natürlich darf auch die „Wühlkiste" mit dem losen Staubsaugerfutter nicht fehlen

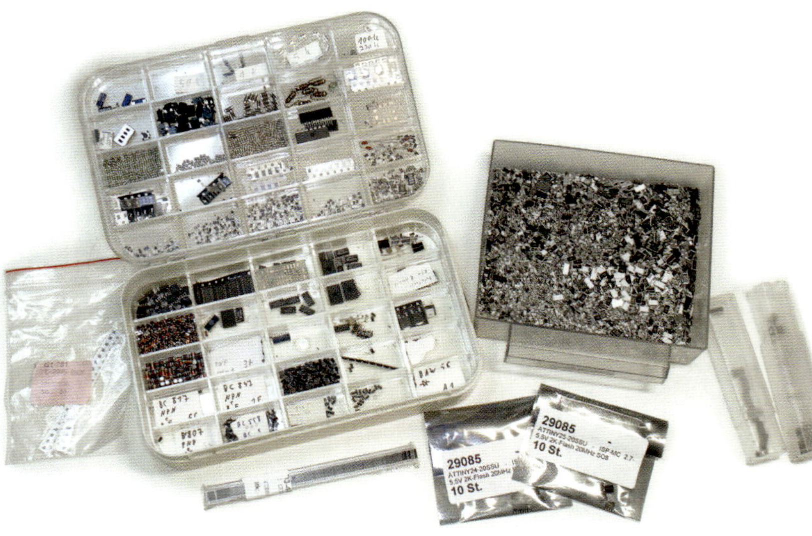

Arbeitsplatz

Gab es früher in der Lehre bestenfalls einen Klaps in den Nacken, wenn der Arbeitsplatz nicht aufgeräumt war, übernehmen die SMD-Bauteile diese erzieherische Maßnahme wie von selbst. Denn wer einmal versucht hat den letzten noch vorhandenen Transistor auf dem Werkstattboden zwischen Krümeln, Staub und Flusen herauszusuchen, wird im Folgenden ganz freiwillig täglich die Werkstatt fegen. Ähnlich verhält es sich auch auf dem Schreibtisch selber. Ein paar Sekunden Aufräumen vor Arbeitsbeginn erspart viele Minuten der Sucherei.

Auf dem Arbeitsplatz leistet mir eine Schneidematte eine gute Hilfe. Durch ihre mattierte dunkelgrüne Oberfläche ist zum einen ein augenschonendes Arbeiten möglich und zum anderen hat man so einen abgegrenzten Bereich, der sich gut sauber halten lässt. Leider sind diese Matten nicht sonderlich hitzebeständig, sodass für die eigentlichen Arbeiten eine weitere Unterlage erforderlich wird.

Ich habe mir aus einem alten Küchen-Schneidebrett eine Arbeitsunterlage hergestellt. Drei Löcher mit einem Forstnerbohrer dienen als kurzzeitige Bauteilablage. Aufgeleimte Wäscheklammern fixieren Platinen und Kabel. Zusätzlich die eine oder andere Bohrung dient zur Ablage von Bohrern und Fräsern. Und zu guter Letzt können über ein Stück angeschliffenes Federblech selbst kleinste Bauteile sicher fixiert werden. Zum Beispiel bei der Verdrahtung von kleinen SMD Leuchtdioden. Da das Brett und auch die Wäscheklammern aus Hartholz sind, vertragen sie auch etwas Hitze. Sollte das Brett dann doch einmal verbrannt und verschlissen sein ist in ca. 30 Minuten sein Nachfolger hergestellt.

In wenigen Minuten ist eine solche Arbeitshilfe aus ein paar Materialresten hergestellt. Es erleichtert die Fixierung des Elektronikstaubes und schont die Tischfläche

Bei der Beleuchtung ist mehr mehr. Hier muss dafür gesorgt werden, dass die Arbeitsstelle hell ausgeleuchtet ist. Am besten ist natürlich Tageslicht. Betrachten wir jedoch die triste Wirklichkeit, so hält sich der gemeine Modellbauer zumeist in den Abendstunden in den Kellerräumen der heimatlichen Wohnstätte auf. Somit kommen wir um Kunstlicht nicht herum. Mit Lampen aus verschiedenen Richtungen wird dafür gesorgt, dass die eigene Hand keinen Schlagschatten auf die Arbeitsstelle wirft. In meiner Werkstatt befindet sich außer der Neonröhre an der Zimmerdecke noch je eine Schreibtischlampe rechts und links vom Arbeitsplatz. Über den flexiblen Arm können sie je nach Bedarf justiert werden, um die Arbeitsstelle ins rechte Licht zu rücken.

Auch zum Klima kann man ein paar Worte anmerken. Unser Arbeitsplatz sollte gut belüftet sein. Man sollte natürlich Zugluft vermeiden. Vor allem, weil ein allzu heftiger Luftzug auch schon mal die Bauteile bewegen kann. Viel wichtiger ist jedoch die Tatsache, dass die Lötdämpfe nicht gerade als gesundheitsfördernd eingestuft werden können. Nun hat hier sicher jeder Modellbauer angesichts der ebenfalls verwendeten Lacke, Kleber und Schleifmittel seine eigene Strategie zur Gesunderhaltung. Speziell für die Lötarbeiten gibt es im Handel jedoch auch Absauganlagen mit Filter, die diese Dämpfe aufsaugen und weitgehend unschädlich machen. Wird nur gelegentlich der Lötkolben angeheizt, sollte auch eine gut belüftete Werkstatt ausreichen, wer jedoch täglich längere Zeit hier verweilt, ist mit der Anschaffung einer Absauganlage gut beraten.

Der Arbeitsplatz selber ist örtlich zumeist recht begrenzt. Ausreichend Licht und Fixierungsmöglichkeiten für die kleinen Teile sind wichtig

Werkzeug

Bei der Verarbeitung ist ein Lötkolben mit angemessener Lötspitze erforderlich. Für fast jede Lötstation hält der Handel SMD-Spitzen bereit. Diese sind dann im optimalen Fall spitz zulaufend und maximal 1 mm breit. Dadurch verschleißen sie natürlich auch deutlich schneller als die dicken Meißelspitzen. Bedingt durch die Bauform kann bei SMD-Spitzen auch deutlich weniger Wärme an die Lötstelle abgegeben werden, was beim SMD-Löten üblicherweise kein Problem darstellt. Jedoch sollte man deswegen nicht versuchen mit der SMD-Spitze Kühlfahnen von Endstufen auf die Platine zu löten, oder Kabel vom Fahrtregler zum 600er-Motor zu ziehen. Für solche Fälle ist zuvor die Lötspitze zu wechseln. Dabei versteht es sich von selbst, dass der Lötkolben vorher ausgeschaltet wird und die Lötspitze vor dem Wechsel abgekühlt sein muss. Andernfalls hält die nächste Apotheke gute Brandsalbe parat.

Lötspitzen halten nicht ewig. Je feiner die Spitze ist, desto schneller verschleißen sie. Nicht zuletzt deswegen sollte schon beim Kauf des Lötkolben auf die Verfügbarkeit von Ersatzspitzen geachtet werden. Hier sind zwei identische Lötspitzen zu sehen, die obere hat drei Monate gute Dienste geleistet und geht nun in den Ruhestand

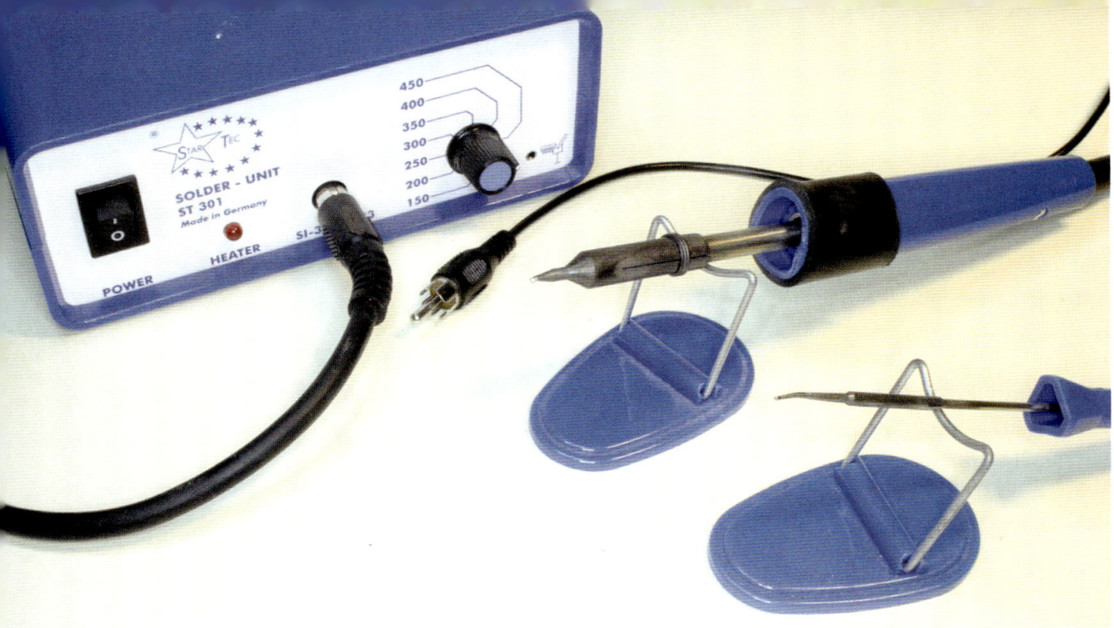

Mit hochwertigen Lötnadeln lassen sich gerade feine SMD-Arbeiten entspannt durchführen. Dieser Lötkolben ist sehr leicht und liegt gut in der Hand. Die übertragbare Wärmemenge beschränkt den Einsatz allerdings auf kleinere Lötstellen. Diese preiswerte kleine Lötstation bietet die Möglichkeit, sowohl einen herkömmlichen Lötkolben, als auch eine sehr leichte Lötnadel zu betreiben. Zumindest für Elektronikarbeiten ist man so bestens ausgerüstet

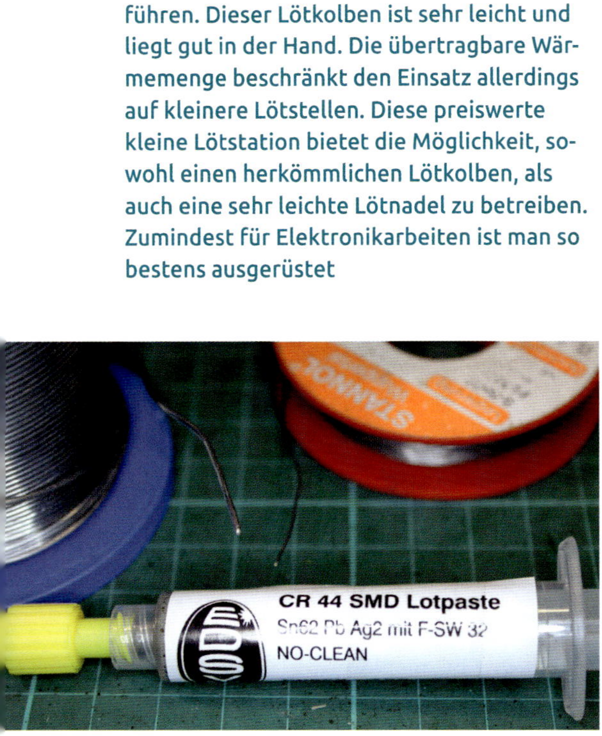

Für jede Lötstelle gibt es das passende Zinn. Üblicherweise reicht das 0,5 mm starke SMD-Lot völlig aus

Außerdem bietet der Handel auch sogenannte Lötnadeln an. Hier ist gerade bei den Sonderangeboten Vorsicht geboten. Abgesehen von der Tatsache, dass die feinen Nadeln allenfalls für sehr kleine Lötstellen zu gebrauchen sind, da die transportierte Wärmemenge doch recht überschaubar ist, haben die billigen Exemplare zumeist eine Spitze, die allenfalls für ein paar Dutzend Lötstellen brauchbar ist, bevor sie verschleißt. Jedoch gibt es auch bei den Lötnadeln hochwertige Exemplare. Diese eignen sich dann als Zweitlötkolben für eine Lötstation und erlauben feine Arbeiten ohne Frustration auch über eine lange Zeit. Sie ersetzen jedoch keinesfalls eine richtige Lötstation.

Natürlich gehört dann auch das passende Lötzinn zur Ausstattung. Das allseits bekannte Elektroniklot enthält das benötigte Flussmittel bereits im Kern, sodass normalerweise keine weitere Vorbehandlung nötig wird. Dieses Zinn gibt es in verschiedene Stärken sowohl in der bleihaltigen, wie auch bleifreien Version. In der Verarbeitung unterscheiden sich diese Versionen nicht. Die normalen 1-mm-Lötdrähte ertränken die SMD-Bauteile schnell, daher sei hier 0,5-mm-Lot empfohlen. Für ganz feine Arbeiten gibt es dann noch 0,3-mm-Lötzinn. Für die Grundausstattung dürfte jedoch die 0,5-mm-Variante ausreichen.

Um ICs mit sehr kleinem Raster zu verarbeiten, ist auch der feinste Lötdraht zu dick. Hier kann man mit Löthonig oder Lötpaste arbeiten.

Da der handelsübliche Bastlerfinger die kleinen Bauteile zumeist vollflächig umschließt, ist eine Pinzette zum Greifen der Teile sehr sinnvoll.

Diese Pinzette sollte auf jeden Fall amagnetisch und hitzebeständig sein. Denn zum einen müssen die Teile während des Lötvorganges fixiert werden und zum anderen sollten sie nicht an der Pinzette kleben. Hier reicht es nicht, die handelsüblichen medizinischen Exemplare vom Flohmarkt zu verwenden. Auch wenn sie ein paar Cent billiger sind als die wirklich antimagnetischen Pinzetten aus dem Fachhandel. Es ist auch sinnvoll, wenn die Spitzen sauber aufeinander schließen. Mit etwas Versatz, hat man mal schnell dieses gefürchtete „Schnipp" im Ohr und darf die nächsten 20 Minuten auf dem Boden knieend das Teil suchen. Mit einer geraden und einer gebogenen Variante ist man schon einmal gut gerüstet, sodass sich die Mehrkosten für gutes Handwerkszeug in Grenzen halten. Um Kabel abzulängen, bedarf es dann noch eines Seitenschneiders. Hier haben sich bei mir die ganz billigen Exemplare aus dem Elektronikdiscounter durchgesetzt. Diese haben eine flache Seite, die sich gut anschleifen lässt. Dadurch können sie gut nachgeschärft werden. Zudem haben wir es bei dem kleinen Elektroniken zumeist mit Kupferlackdraht oder feiner Litze zu tun. Der doch recht einfache Stahl der Billigschneider reicht hierzu völlig aus. Als kleinen Luxus habe ich mir für die ganz feinen Drähte eine Schneidpinzette aus der Chirurgie zugelegt. Diese ist jedoch auch nur für den ganz feinen Kupferlackdraht zu gebrauchen.

Ein Seitenschneider ohne Fase und zwei Pinzetten. Das sind die wichtigsten Werkzeuge zur Handhabung der SMD-Bauteile

Das Vielfachmessgerät oder auch Multimeter wird auch in der SMD-Technik benötigt. Darüber hinaus ist eine Messpinzette als LCR-Meter hilfreich zur Bauteilidentifikation. Ein Testgerät für LED hilft bei der Suche der korrekten LED-Farbe und zur Findung des Vorwiderstandes

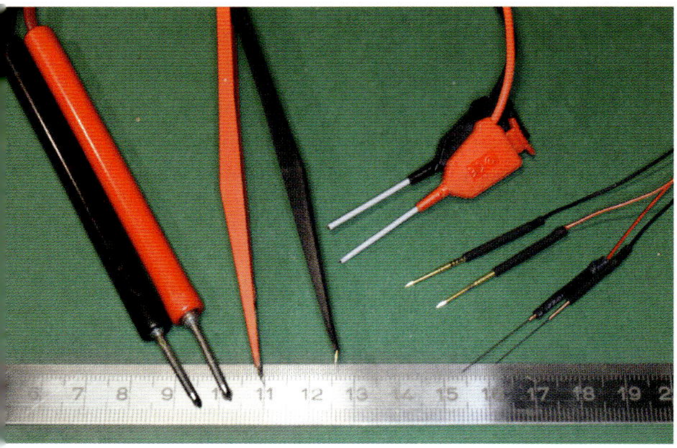

Die herkömmlichen Prüfspitzen (links) sind oftmals einfach zu dick. Zur einhändigen Bedienung gibt es Prüfspitzen in Pinzettenform. Zur Messung an feinen Drähten haben wir Abgreifklemmen. Hilft das alles nicht, ist wieder einmal der Bastler gefragt. Aus vergoldeten Prüfnadeln und Akupunkturnadeln habe ich mir sehr feine Prüfspitzen gefertigt, die an sehr feinen ICs um Einsatz kommen und sogar durch Kabelisolierungen gesteckt werden können

Messgeräte

Da die SMD-Technik prinzipiell genauso funktioniert wie die „großen“ elektronischen Komponenten, können wir hier auch die gleichen Messgeräte einsetzen. Lediglich bei den Prüfspitzen sollte der Miniaturisierung Rechnung getragen werden. Herkömmliche Prüfspitzen erfassen gerne mal zwei bis drei Pads gleichzeitig und sorgen bestenfalls für Messfehler, schlimmstenfalls für Kurzschlüsse. Die einfachste Methode liegt darin, mit kleinen Krokoklemmen zu arbeiten und darin einfache Stecknadel als Prüfspitzen einzuklemmen. Natürlich kann man auch gleich Stecknadeln am Ende der Messleitung anlöten. Wer es etwas komfortabler mag, findet im Elektronikhandel federbelastete Prüfnadeln. Diese sind vergoldet und sorgen durch ihre Feder zusätzlich für guten Kontakt.

Die Industrie bietet selbstverständlich auch SMD-Spitzen an. In meiner Werkstatt haben sich jedoch die vergoldeten Prüfnadeln durchgesetzt. Allenfalls sehr kleine Abgreifer kommen hier noch zum Einsatz, wenn es darum geht, an Anschlusskabeln oder Drähten zu messen. Gerade bei Messungen über eine gewisse Zeit, z.B. am Oszilloskop, ist es komfortabel die Messstellen mit kleinen Kabeln zu versehen und dann mit diesen Abgreifern zu arbeiten. So ist die Kurzschlussgefahr gebannt und man hat die Hände für das Messgerät frei.

Ein sehr wichtiges Instrument ist der Komponententester. Sei es, weil die SMD-Bauteile nicht beschriftet sind, oder weil die Beschriftung einfach nicht zu entziffern ist. Hier bekommt man „L“ (für Induktivitäten) „C“ für Kapazitäten und „R“ (für Widerstände) -Meter. Praktischerweise werden diese auch als „LCR“-Meter in einem Gerät angeboten. Sie sehen aus wie normale Vielfachmessgeräte oder sind sogar als Zusatzfunktion in diesem untergebracht. Speziell für die SMD-Technik haben diese jedoch einen kleinen Nachteil. Die Bauteile nutzen die Gelegenheit zur Flucht, wenn man sie einmal mit den Messspitzen fixiert hat und den Blick abwendet, um das Ergebnis abzulesen. Da ist der Industrie eine pfiffige Lösung mit der Messpinzette eingefallen. Sie wird wie eine normale Pinzette geführt und bietet im Handstück die Anzeige des jeweiligen Bauteilwertes. So können in einem Arbeitsgang die Bauteile identifiziert werden und gleich in das korrekte Klarsichtfach verbracht werden.

Ein weiteres pfiffiges Instrument ist der LED-Tester. Da die kleinen LEDs gerne mit einem klaren Gehäuse jedoch unterschiedlicher Leuchtfarbe vorliegen, bzw. die Lichtabgabe je nach Strom unterschiedlich ist, kann man die LED vor dem Einbau mit diesem Gerät testen. Die LEDs werden dazu einfach in die entsprechenden „Wannen" gelegt und mit dem Drehknopf der Strom eingestellt. Dies erleichtert die Identifikation der LED und Bestimmung des korrekten Vorwiderstandes ungemein.

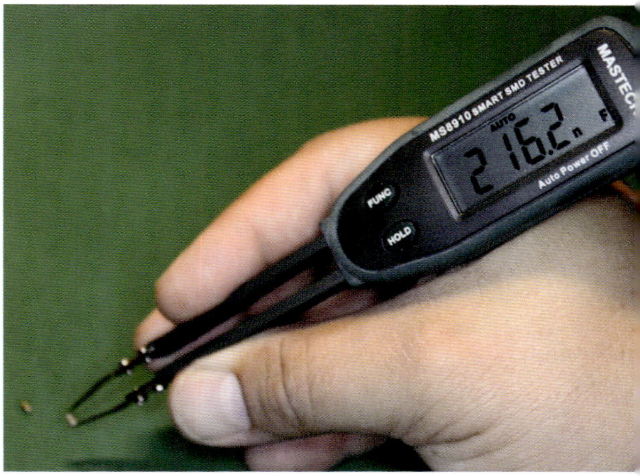

Gerade bei den ungepolten Kondensatoren ist die Codierung oftmals wegrationalisiert. Da hilft der Komponententester in Form einer Messpinzette. So kann gleichzeitig in der Wühlkiste gesucht und gemessen werden

Hilfsmittel

Je nach Qualität, Alter und Beschaffenheit der eigenen Augen muss auch hier der Größe der Teile Rechnung getragen werden.

Im einfachsten Fall reicht bereits eine 2,99 Euro Lesehilfe aus dem Drogeriemarkt, um weitgehend ermüdungsfrei arbeiten zu können. Mit diesem Nasenfahrrad bleiben die Hände frei und man kann den Kopf bewegen. Die oft angebotene Standlupe ist hier nur für den kurzen Einsatz geeignet. Hierbei sind der Arbeitsabstand und auch die Kopfhaltung vorgegeben, sodass ein entspanntes Arbeiten über lange Zeit fast unmöglich ist.

Die auch oft angebotenen Kopflupen aus dem Elektronikdiscounter haben sich zumindest bei mir nicht bewährt und seien nur der Vollständigkeit halber erwähnt. Die einfachen Plastiklinsen und der eingeschränkte Tragekomfort ließen das Teil schnell in die Tonne wandern. Außerdem ist es unmöglich mal eben dran vorbei zu schielen, um Werkzeug in die Hand zu nehmen. Wem die OP-Brillen zu teuer sind, der sollte sich einmal beim Optiker seines Vertrauens nach stärkeren Lesehilfen, Fadenzähler oder Lupenbrillen für Senioren erkundigen.

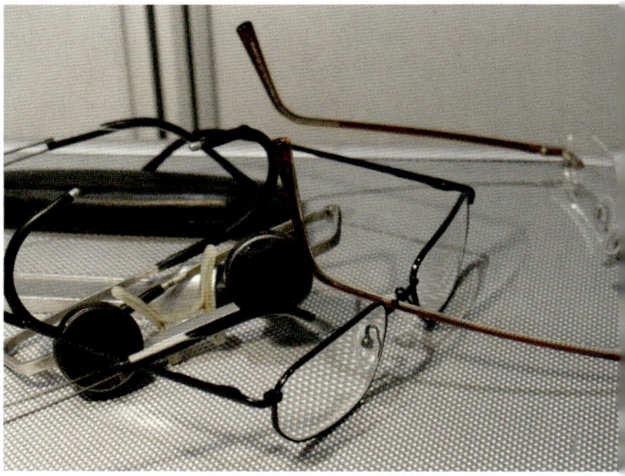

Wohl dem, der noch seine komplette Sehkraft besitzt. Trotzdem ist es sinnvoll, sich zumindest eine Lesebrille aus dem Drogeriemarkt zuzulegen. Die OP-Brille aus der Zahnarztpraxis wird hingegen eher als Luxus angesehen

Fadenzähler wie die MaxDetail von Eschenbach kosten einen Bruchteil einer professionellen OP-Brille und leisten ebenfalls gute Dienste. Aufgrund der Kunststofflinsen sind sie allerdings auch empfindlicher

Die Schreibtischlampen mit integrierter Lupe sind für kurze Arbeiten wiederum gut zu gebrauchen. Zum einen leuchtet die ringförmige Lampe die Arbeitsstelle gut aus und zum Anderen erlaubt die hochwertige Glaslinse eine gute Sicht auf den Arbeitsplatz. Somit sollte man auf eben diese beiden Eigenschaften (Ringleuchte und Glaslinse) bei Kauf achten. Für längere Einsätze sind diese Leuchten weniger geeignet, da man den Kopf kaum bewegen darf, um ein scharfes Bild zu erhalten. Nackenschmerzen zwingen dann schnell zur Aufgabe. Wenn es um die abschließende Qualitätskontrolle der Lötstellen geht oder der Aufdruck der Teile identifiziert werden muss, leisten diese Teile jedoch gute Dienste.

Zur Ergänzung der Grundausstattung empfiehlt sich noch etwas Werkzeug zur Demontage falsch gesetzter Bauteile oder bei Reparaturen. Der in der normalen Elektronik eingesetzte Lötsauger räumt schnell die ganze Platine leer und die ausgelöteten Bauteile verschwinden mit Sicherheit im Sauger, wo sie zusammen mit dem Lötzinn zu einem unbrauchbaren Klumpen verbacken.

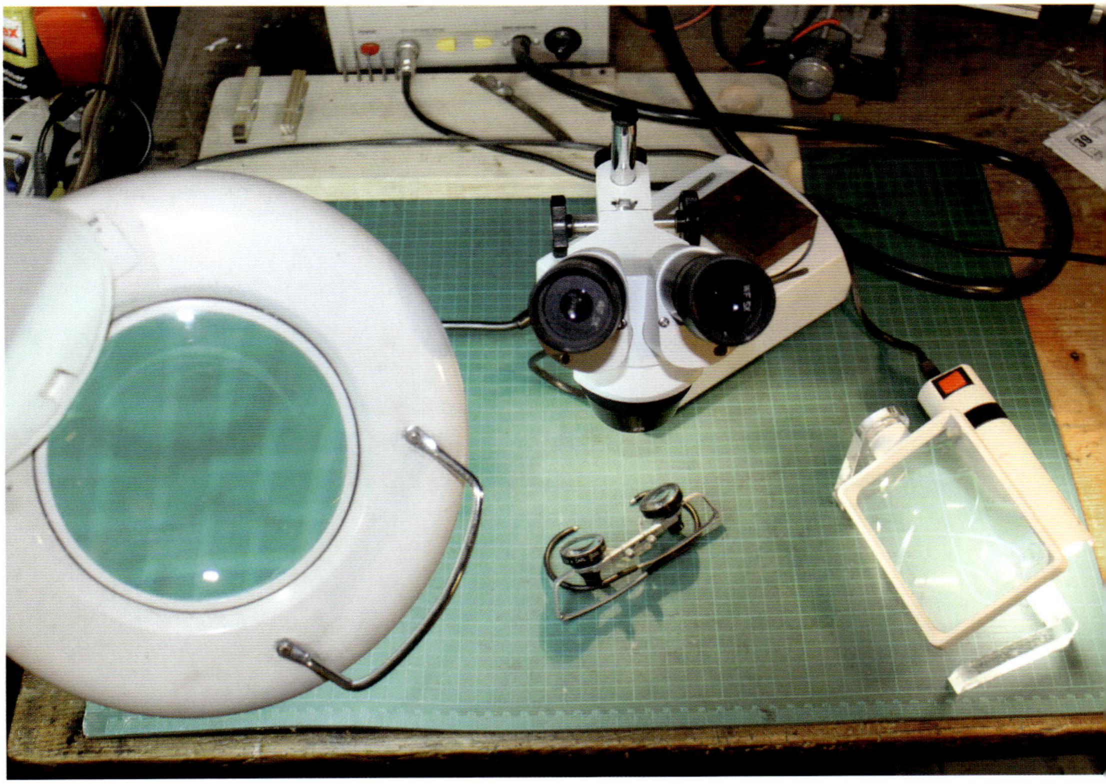

Sei es nun die klassische Ringleuchte mit Glaslupe, die OP-Brille, das Stereomikroskop oder der einfache Fadenzähler. Ganz ohne kommt man nicht aus. Wer täglich mit den SMD-Bauteilen zu tun hat, wird die Investition in eine OP-Brille nicht bereuen

Um SMD-Bauteile auszulöten, bedienen wir uns am besten Entlötlitze. Das ist ein mit Flussmittel getränktes Geflecht, welches einfach mit dem Lötkolben auf die Lötstelle gedrückt wird. Durch die Kapillarwirkung wird das Zinn von der Lötstelle abgesaugt. Anschließend wird der verbrauchte Teil der Litze einfach abgeschnitten. Wie so oft im Leben gibt es auch bei der Entlötlitze Qualitätsunterschiede. Die besseren Versionen haben ein engeres Geflecht und sind gut mit Flussmittel getränkt. Genauso sinnvoll sind Lötklingen. Diese feinen Stahlklingen werden beim Erhitzen der Lötstelle zwischen Bauteil und Lötpad geschoben und trennen so die Lötstelle. Gerade bei mehrpoligen Bauteilen wie ICs leiten sie gute Hilfe.

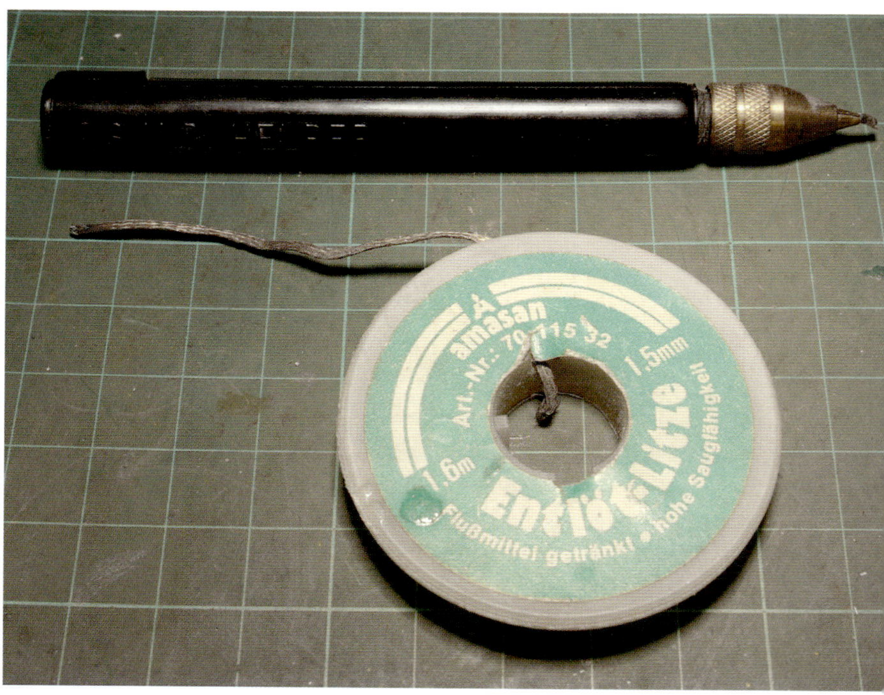

Mit Entlötlitze und Entlötklinge ist man bereits sehr gut gerüstet

Luxusartikel

Neben der hier beschriebenen „Hobbywerkstatt“ sei nicht verschwiegen, dass die Profis noch weitere Möglichkeiten haben. Zur Ergänzung des eigenen Sehvermögens gibt es weitere Möglichkeiten.

Einen etwas tieferen Griff in die Bastelkasse erfordern bereits oben erwähnten Operationsbrillen, wie sie oft beim Zahnarzt verwendet werden. Wer aber einmal damit gearbeitet hat, will sie nicht mehr missen. Durch die Qualitätsoptik erhält man einen sehr großen Tiefenschärfebereich und durch die Form der Optiken kann man mal daran vorbeisehen, um z.B. die Pinzette aufzunehmen.

Wenn es dann noch feiner werden soll, lohnt sich eventuell sogar die Anschaffung eines Stereomikroskopes. Zwar ist man hier in der Kopfhaltung wie bei der Lupenleuchte wieder fixiert, jedoch kann man unter den Stereookularen dreidimensional sehen und aufgrund der Bauform auch arbeiten. Diese bekommt man auch mit Kameraoptik, sodass man die Arbeiten auf dem Monitor kontrollieren kann. Allerdings kann solch eine Anschaffung schon als Luxus angesehen werden, in 99% der Fälle geht es auch ohne Mikroskop.

Auch beim Werkzeug kann man eine Menge Geld investieren. Hier reicht ein Blick in die Mikrochirurgie. Deren kleinen Pinzetten-Schweren eignen sich auch, um Kupferlackdraht millimetergenau abzulängen. Feinste Pinzetten und Zangen helfen auch uns Modellbauern beim Verdrahten in engen Modellen. Natürlich muss man diese Werkzeuge nicht zwingend in der Operationssaal-Qualität kaufen. Ein aufmerksamer Gang über den Flohmarkt oder ein Blick ins Internetauktionshaus fördert oftmals preiswertes gebrauchtes OP-Besteck zutage. Gelegentlich finden so auch neuwertige Geräte, die kleine Fehler aufweisen, sich nicht mehr sterilisieren lassen oder schlichtweg beim Zahnarzt des Vertrauens aussortiert wurden.

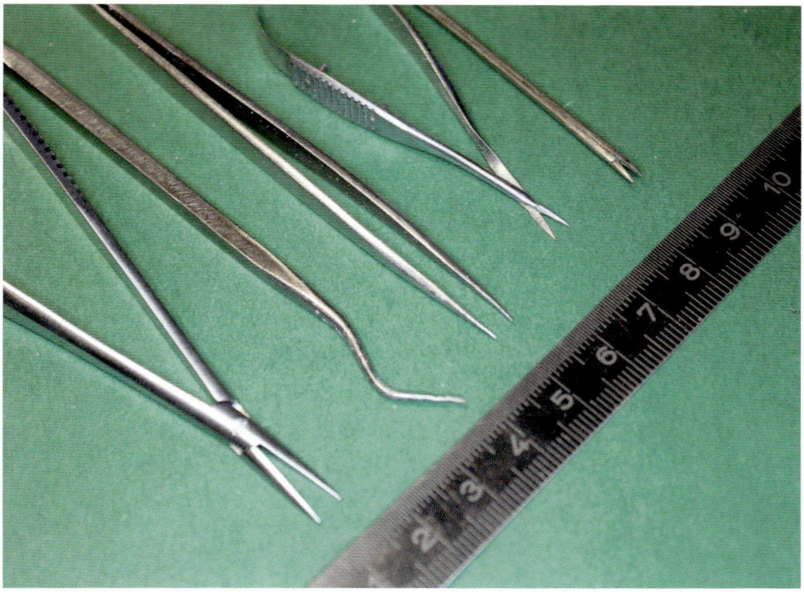

Gerade wenn es an das Verdrahten in engen Modellen geht, sind die medizinischen Werkzeuge sehr hilfreich

Anstelle von herkömmlichen Lötkolben – die in den allermeisten Fällen völlig ausreichen – gibt es natürlich auch aufwendigere Methoden, um das Lötmittel zum Schmelzen zu bringen.

Zum Beispiel das kontaktlose Löten, bei dem das Erhitzen der Lötstelle ohne Berührung durch den Lötkolben geschieht. Dadurch werden die Bauteile nicht verschoben und es kann in einer höheren Packungsdichte gearbeitet werden. Ganz unerschrockene arbeiten dann direkt mit einer Flamme zur Erwärmung. Etwas sicherer kann man auch mit einem Heißluftlötkolben arbeiten. Ähnlich einem Föhn wird die Lötstelle durch einen heißen Luftstrom erhitzt. Durch verschiedene Aufsätze wird der Luftstrom entweder als Punkt auf einzelne Lötstellen gelenkt, oder über mehrere Schlitze auf die Beinchen eines ICs. Dadurch sind Heißluftkolben sehr hilfreich beim Auslöten von mehrpoligen Bauteilen.

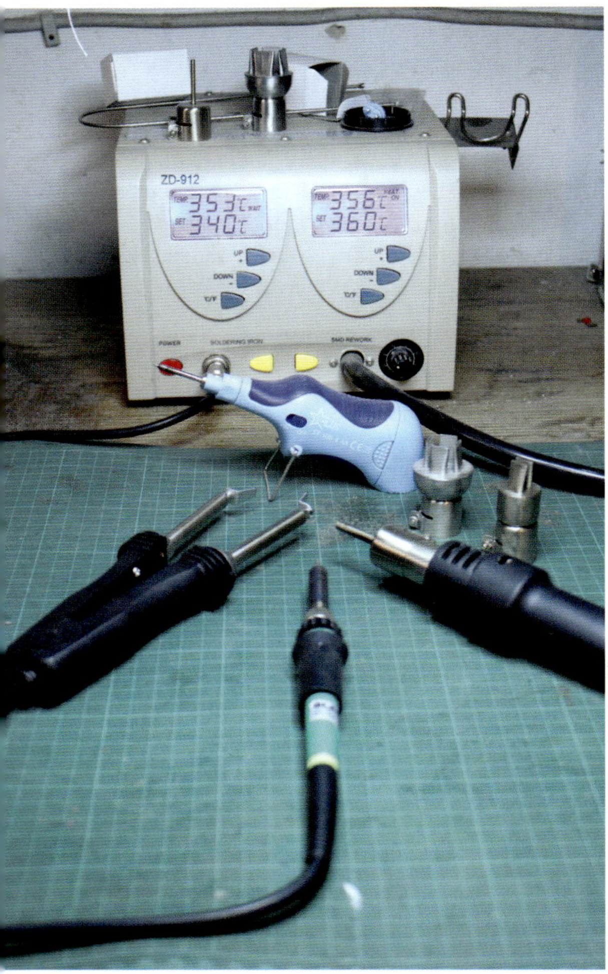

Der Heißluftlötkolben im Vergleich zu seinen Geschwistern. Mit dem Heißluftlötkolben können auch Bauteile mit vielen Pins auf einmal entlötet werden. Durch verschiedene Aufsätze wird der Luftstrom zielgerichtet je nach Bauteil dosiert. Bauartbedingt ist er durch das große Griffstück jedoch etwas unhandlich, zudem ist ein dicker Schlauch erforderlich um die Luft aus dem Gerät zur Lötstelle zu leiten. Es ist auch kaum zu verhindern, dass auch die umliegenden Bauteile erwärmt werden. Daher bietet sich für zweipolige Bauteile auch die Lötpinzette (links im Bild) an. Eine weitere Alternative kommt aus unerwarteter Richtung. Akkulötkolben kommen oft mit feiner Spitze daher, sodass sie ideale Kandidaten auch für unsere kleinen Lötstellen sind

Ein erstes Projekt

Nach so viel grauer Theorie und Informationen ist es Zeit, eine kleine praktische Übung einfließen zu lassen. Hier bieten sich Bausätze aus dem Elektronikdiscount an. Man sollte allerdings darauf achten, dass die SMD-Teile nicht bereits vormontiert sind, das würde uns den ganzen Spaß verderben. Wenn man dann noch eine Schaltung wählt, die zum aktuellen Modellbauprojekt passt, erschlägt man gleich zwei Fliegen mit einer Klappe.

In diesem Fall benötigte ich für eine Baustellenabsperrung auf meiner Modellbahnanlage ein Lauflicht. Natürlich kann man so etwas auch fertig beziehen. Bei der Firma eHaJo fand ich jedoch auch einen SMD-Bausatz dazu. In den meisten Anleitungen dieser Bausätze ist der Aufbau schon sehr gut beschrieben, deswegen hier nur ein paar Tipps am Rande.

Auch wenn in den meisten Fällen die Reihenfolge der Bestückung im Bauplan angegeben ist, empfiehlt es sich zunächst mit einem größeren zweipoligen Bauteil am Rande der Platine anzufangen. So bekommt man etwas Übung und Zuversicht für die weiteren Herausforderungen.

Vorbereitung

Um die Bauteile am Verschwinden zu hindern, sollten sie grundsätzlich in einer Schale gehalten werden. Bei mir haben sich Einweg-Nierenschalen aus dem Krankenhaus bewährt. Natürlich kann man genauso Plastikschalen aus der Küche verwenden, solange man sich dabei nicht erwischen lässt. Denn spätestens, wenn „Tupperware“ auf der Plastikdose zu lesen ist, könnte es bezüglich des Verwendungszweckes Diskussionsbedarf mit dem Haushaltsvorstand geben. Ein alter Aschenbecher ist gleichermaßen geeignet. Wichtig ist hier, dass die Teile ausreichend Platz haben, um sie mit der Pinzette sortieren und greifen zu können.

In meiner Werkstatt verwende ich gerne Einwegnierenschalen zur Aufbewahrung. Ein alter Aschenbecher oder eine Dessertschale tut es aber auch. Wichtig ist, dass die kleinen Kameraden nicht ausbüxen können

Der Lötkolben wird auf die dem Lötzinn entsprechende Temperatur eingestellt. Beim immer noch weit verbreiteten bleihaltigen Löten sind das ca. 350°C, das bleifreie Löten erfordert 20°C mehr. Natürlich liegt der Schmelzpunkt der Lote deutlich tiefer, jedoch gilt es, die Wärmeverluste im System zu kompensieren. Es ist also auch hier etwas experimentieren angesagt.

Je nach Bausatz ist auch die Platine selber recht winzig und zeigt bereits beim ersten Nieser spontanes Fluchtverhalten. Ein Stückchen doppelseitigen Klebebands oder unser modifiziertes Frühstücksbrettchen verhindern dies erfolgreich.

Bevor das jeweilige Bauteil verlötet wird, sollte man lieber zweimal schauen, ob es das Richtige ist und ob es auch an der richtigen Stelle in der korrekten Polung platziert wird. Zumeist ist die Identifikation der Teile anhand der Anleitung problemlos möglich, solange man auch wirklich nach Anleitung vorgeht. Genauso hat sich der Autor der Anleitung zumeist Gedanken gemacht, in welcher Reihenfolge die Teile zu montieren sind. Wird der kleine Widerstand nach dem dicken Elko verlötet, könnte es Probleme geben, die Lötstelle mit dem Kolben zu erreichen. Grundsätzlich also zuerst die kleinen flachen Teile bevor die großen dicken montiert werden.

Lötvorgang

Um die SMD-Teile auf der Platine zu fixieren, wird zunächst ein Lötpad mit etwas Lötzinn verzinnt. Dann wird mit der Pinzette das Bauteil an seine Position gebracht und durch kurzes Erwärmen der Lötstelle fixiert. Falls die Position noch korrigiert werden muss, so kann dies durch nochmaliges Erhitzen der Lötstelle leicht geschehen. Sollte das Pad nur widerwillig Zinn annehmen, empfiehlt es sich die Platine zuvor mit einem Glashaarradierer zu reinigen. Ist das Bauteil erst einmal korrekt fixiert, können nun alle anderen Anschlüsse hergestellt werden. Nach dem Lötvorgang sollte ein paar Sekunden gewartet werden, bis das Zinn abgekühlt ist. Die Lötstelle wird dann leicht matt. Pusten hilft übrigens nichts, sondern schadet eher, da das Zinn dann nicht gleichmäßig durchkühlt.

Es wird zunächst ein Lötpad verzinnt. Das verzinnte Pad wird erneut erhitzt und dabei mit der Pinzette das Bauteil die Lötstelle gedrückt

Nachdem das erste Pad verlötet ist, kann noch einmal kontrolliert werden, ob alle anderen Anschlüsse korrekt auf der Platine aufliegen. Falls nicht, wird die erste Lötstelle kurz erwärmt und die Lager des Bauteiles mit der Pinzette korrigiert. Passt dann alles, werden die restlichen Pads verlötet. Bei Bauteilen mit mehreren Anschlüssen kann es sinnvoll sein, zwischendurch eine Pause zur Abkühlung einzulegen.

Beim Lötvorgang ist es wichtig, sowohl das Bauteil als auch das Lötpad gleichzeitig auf Temperatur zu bringen. Anschließend wird etwas Lötzinn an die Lötstelle gegeben. Um etwas rationeller vorzugehen, verzinne ich eine ganze Reihe von Pads um dann die Bauteile „In Serie“ zu bestücken

▼ Bei engeren Pinabständen wird es selbst für feine Lötspitzen knifflig. Aber auch hier gibt es Lösungen

▶ Bei dieser Vorgehensweise entstehen immer wieder Lötbrücken, die später entfernt werden müssen

Können ICs bis zu einer gewissen Größe noch einzeln verlötet werden, wird es irgendwann selbst für die noch so feine Lötspitze zu eng. In diesem Fall nehmen wir eine dicke Meißelspitze und ertränken alle Pins mehr oder weniger gleichzeitig im Lötzinn. Zunächst wird das IC an zwei gegenüberliegenden Beinchen auf der Platine festgelötet, sodass die IC-Beinchen sauber auf den Lötpads aufliegen. Mit der Spitze fahren wir langsam über alle Pins und geben Lötzinn dazu. Dass uns dabei natürlich die eine oder andere Zinnbrücke unterläuft, soll erst mal nicht weiter stören.

Sollte beim Verlöten von IC-Pads ein Lötklecks zwischen zwei Beinchen geraten sein, ist noch nicht alles verloren. Mit der Entlötlitze kann das Zinn abgesaugt werden. Dazu wird die Litze auf die schadhafte Lötstelle gelegt und mit dem Lötkolben angedrückt. Durch die Kapillarwirkung wird das Zinn in die Litze gesaugt und das Malheur ist beseitigt. Obwohl die kleinen SMD-Bauteile sensibel auf Hitze reagieren, muss man sie nicht mit Samthandschuhen anfassen. Wird eine kurze Lötzeit eingehalten, kann so schnell nichts passieren. Auch Abkühlphasen zwischen den Lötungen helfen den Bauteilen.

So ein kleiner Bausatz nimmt uns viele Sorgen ab. So liegen die zu der Platine passenden Bauteilformate bei. Die Teile sind in der Anleitung beschreiben und leicht zu identifizieren. Die Platine ist mit Lötlack versehen, was die Bestückung vereinfacht und in der Anleitung finden wir hilfreiche Tipps zur Vorgehensweise.

Bei solch einem Bausatz dürfte es keine wirklichen Probleme gegeben haben. Auch der Lötvorgang selber dürfte bereits nach ein oder zwei Bauteilen problemlos klappen. Alle Teile passen auf Anhieb, kein Stress mit Bauformen und Abmessungen und auch die Platine passt zu den Teilen. Auf die Identifikation und Polung der benötigten Teile wird ebenfalls in der Anleitung eingegangen. Anders dagegen, wenn wir selber eine Platine erstellen oder wenn es darum geht, eine Platine reparieren zu wollen. In diesen Fällen müssen wir uns etwas mit den Bauformen, Kennzeichnung und Abmessungen auseinandersetzen.

Mit der Entlötlitze wird das überschüssige Zinn abgesaugt

Nach kurzer Zeit rundet der abschließende – hoffentlich erfolgreiche – Test die Bastelstunde ab

Bauformen

An dieser Stelle werden einige gebräuchliche Bauformen kurz angerissen. Bedingt durch die fehlende Normung, kann diese Betrachtung nicht abschließend oder gar vollständig sein. Leider lassen die Hersteller auch gerne Superlative in die Bezeichnung einfließend, sodass die Bezeichnungen nur selten logisch herzuleiten sind. So folgte auf SOT (Small Outline Transistor) also „Transistor mit kleinen Abmessungen“ im nächsten Entwicklungsschritt VSOT (very small outline Transistor) also „Transistor mit sehr kleinen Abmessungen“. Somit helfen neben dieser Übersicht nur die Datenblätter der jeweiligen Bauteile, um letztendlich Sicherheit über die mechanischen und elektrischen Eigenschaften zu erhalten.

CHIP-Bauform

Zumeist als Quader mit den verschiedensten Abmessungen. Widerstände und Kondensatoren werden in dieser Form angeboten. Es gibt hier einen metrischen und Zoll-basierten Code. Der Zoll-basierte Code ist deutlich weiter verbreitet und besteht aus zwei Zahlen. Die erste gibt immer die Seite an, welche auch die Anschlussflächen aufweist. Beide Zahlen sind jeweils die Abmessungen.

0603 bedeutet also, dass wir es mit einem Bauteil zu tun haben, welches 0,06 Zoll lang ist und 0,03 Zoll breit. Dabei befinden sich die Anschlussflächen an den längeren Seiten. Die Höhe des Bauteils wird dabei nicht erfasst.

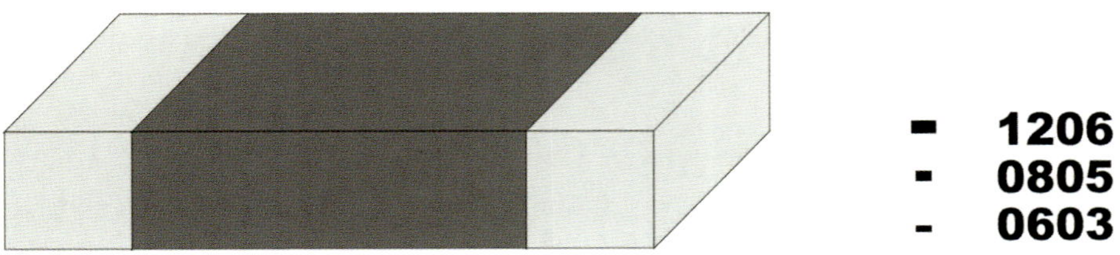

Bauteil in CHIP-Bauform

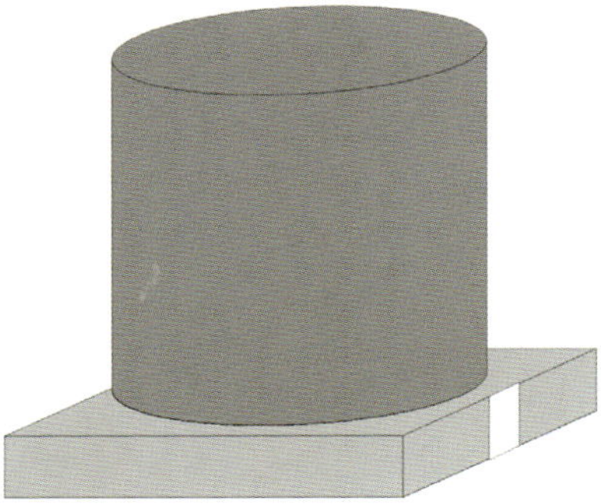

Bauweise eines V-Chips

V-Chip (vertical Chip)

Hierbei handelt es sich um stehende Zylinder, hauptsächlich sind dies Elektrolytkondensatoren und Induktivitäten. Hier gibt es aufgrund der unterschiedlichen Baugrößen keine wirkliche Normung, was einen Blick in die Datenblätter umso wichtiger macht. Prinzipiell wurden herkömmliche Elkos und Spulen bei den V-Chips lediglich mit einer Grundplatte und passenden Anschlussbeinchen versehen, um diese als SMD verarbeiten zu können.

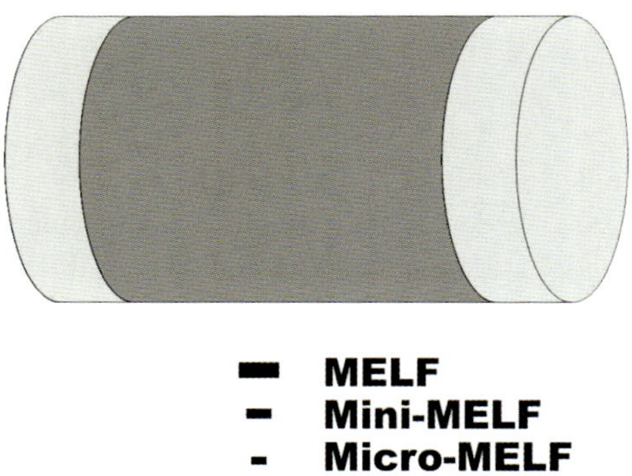

MELF-Bauteile erinnern teilweise noch an herkömmliche Elektronikkomponenten

MELF (Metal Electrode Leadless Faces)

Zylinderförmige Widerstände oder Dioden. Diese haben zumeist eine größere Leistung als die CHIP-Bauteile. Außerdem haben die MELF-Widerstände gegenüber den Chip-Widerständen den Vorteil, dass sie im Fehlerfall immer hochohmig werden. Chip-Widerstände dagegen können auch niederohmig werden. Auf den Widerständen finden wir sogar noch häufig den bekannten Code aus Farbringen. Bei den Dioden wird oftmals die Bezeichnung in bekannter Form aufgedruckt und wir finden auch den Ring an der Kathode wieder.

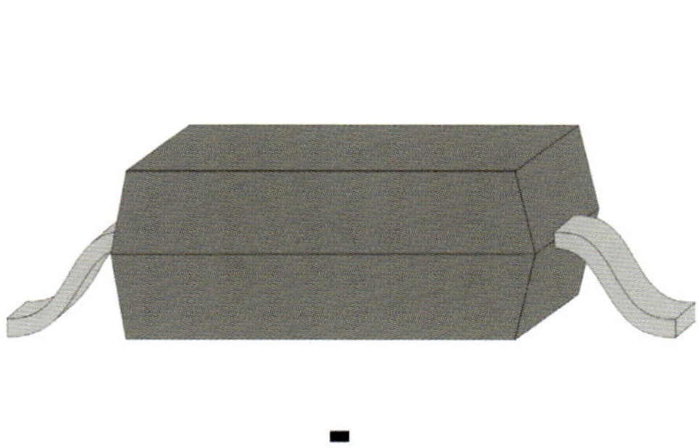

SOD-Bauform

SOD (Small Outline Diode)

Ähnlich der Chip-Form kommen auch Dioden gelegentlich in Quaderform aus dem Gurt. Diese Dioden werden dann auch gerne als SOD (Small Outline Diode) bezeichnet. Bei der Bezeichnung, soweit überhaupt vorhanden, kommen wir auch hier ohne Herstellerdokumentation nicht weiter.

SOT
(Small Outline Transistor)

Kleine quaderförmige Bauteile mit drei oder mehr Anschlüssen. Bei kleinen Leistungstransistoren oder Spannungsreglern ist ein Beinchen auch massiver ausgeführt und dient dann als Kühlfahne (SOT223-4). Die SOT-Bauform ist eine Standardbauform für Dioden, Transistoren und ICs. Die Pinabstände betragen beim SOT-23-3 Gehäuse üblicherweise 1,9 mm. Das Bauteil selber misst 1,3×2,9 mm. Die letzte Ziffer „-3“ gibt dabei die Anzahl der Anschlüsse an. Diese Bauform ist bei Standardtransistoren üblich.

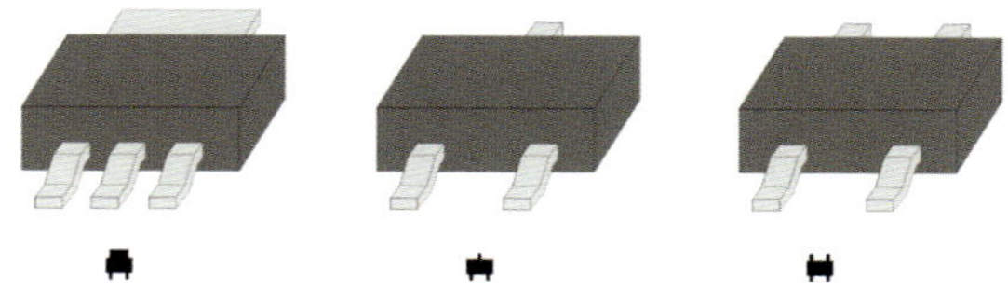

SOT ist eine Standardbauform für SMD-Transistoren

SO (Small Outline)

Auch als SOIC (Small Outline Integrated Circuit) bezeichnet. Die verbreitetste Form von kleinen ICs im 1,27-mm-Raster. Sehen aus wie die kleinen Brüder und Schwestern der „normalen“ ICs und haben meistens auch die gleichen Pinbelegungen. Zur Kennzeichnung des Pin1 dient hier entweder ein eingelassener Punkt an Pin1 oder auf der Seite des Pin1 eine abgeflachte Ecke. Die Bezeichnung SO8 steht für ein 8-Beiniges IC, während SO16 eines mit 16 Anschlüssen bezeichnet.

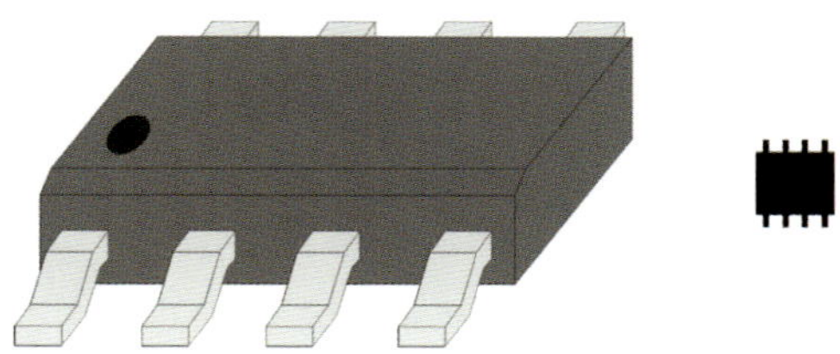

Die verbreitetste Bauform von SMD-ICs, hier in der achtbeinigen Ausführung

SOP
(Small Outline Package)

Hier wurden die Abmessungen der SO-Gehäuse noch einmal halbiert. Wir haben also einen Pinabstand von nur noch 0,65 mm. In der Belegung sind diese Bausteine zumeist pinkompatibel zu den SO-Bauformen und herkömmlichen ICs.

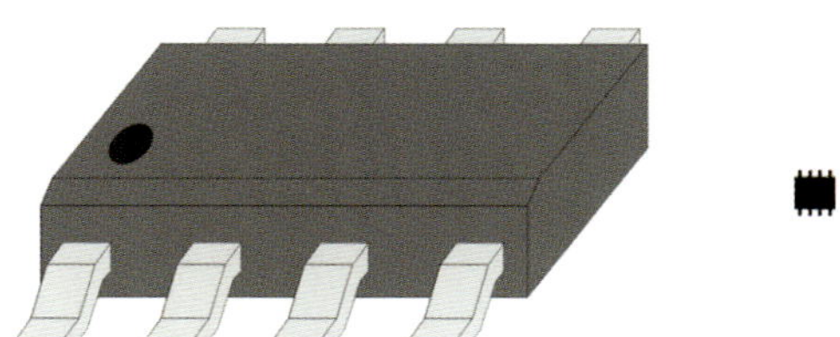

Noch eine Nummer kleiner sind die SOP-Bauformen

VSOP (Very Small Outline Package)

So langsam wird die manuelle Verarbeitung echt ekelig, da die Beinchen nur noch 0,4 mm Abstand haben. Ansonsten ähneln sie den SOIC-Gehäusen, haben also Anschlussbeinchen an zwei gegenüberliegenden Seiten. Desgleichen gilt für die TVSOP (Thin very small outline package). Wobei hier die IC-Beinchen selber noch einmal schmaler sind.

QFP (Quad Flat Package)

Hierbei handelt es sich um ICs, bei denen die Beinchen an vier Seiten herausgeführt werden. Diese Gehäuseform wird verwendet, wenn die beiden gegenüberliegenden Seiten nicht mehr ausreichen, also ab ca. 32 Pins. Je nach Hersteller gibt es die QFP-Bauform mit Pinabständen ab 0,4 mm bis 1 mm. Die Zahl „44“ gibt hier die Anzahl der Pins an.

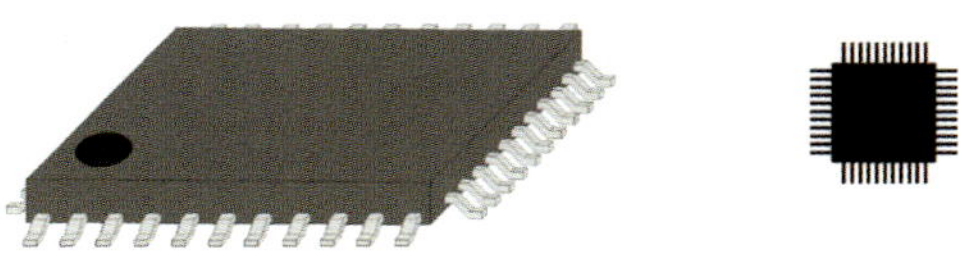

Beispiel eines QFP-ICs mit 44 Beinchen

BGA (Ball Grid Array)

Hierbei sind die Anschlüsse in Form von kleinen Flächen auf der Unterseite des IC verteilt. Die manuelle Verarbeitung ist kaum mehr möglich. Industriell werden diese Bauteile im Reflow-Verfahren verarbeitet. Auch hier übertrumpfen sich die Hersteller mit Superlativen. Nach FBGA (Fine Ball Grid Array) mit einem Rasterabstand von 0,5 mm kam MFBGA (Micro Fine Ball Grid Array) gefolgt von VFBGA (Very Fine Ball Grid Array) mit unter 0,5 mm Abstand.

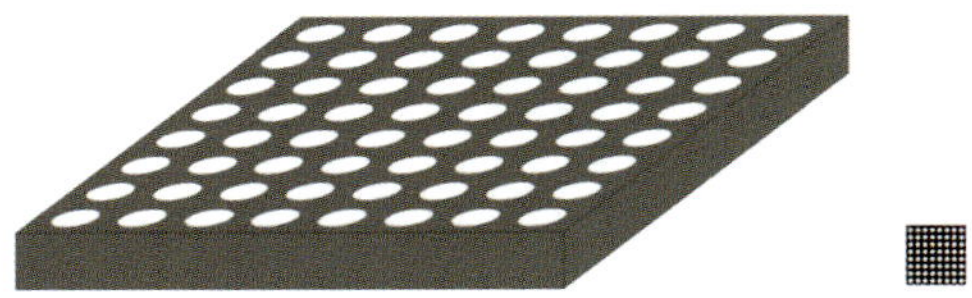

Nahezu nicht mehr manuell zu verarbeiten sind Bauteile vom BGA-Typ

Anschlussformen

Zusätzlich unterscheiden wir noch die Form der Anschlüsse. Bei „J-lead" sind die Anschlussbeine unter das Bauteil gebogen, was die Verarbeitung recht knifflig macht, aber Platz auf der Platine spart. Die „Gull-Wing" Form zeichnet sich durch leichtere Verarbeitung aus, da die Bauteile klassisch wie bei den herkömmlichen Teile seitlich herausgeführt sind. Sie sind so gebogen, dass sie bis auf die Grundlinie des Bauteils reichen. Die „Dual-Flat-no-lead" Anschlüsse sind wiederum einfache Flächen an der Seite und Unterseite des Bauteiles.

Verschiedene Anschlussformen bei SMD-Bauteilen

Abmessungen und Kennzeichnungen

Inch und Fuß

Wie so vieles andere kommen auch die SMD-Bauteile nicht aus unserer schönen metrischen Welt. Also haben wir es hier mit Zoll, Fuß und anderen historischen Maßen zu tun. Schon in der „normalen“ Elektronikwelt ist uns das Rastermaß 2,54 mm, also 0,1 Inch, geläufig. Die Abmessung z.B. eines Widerstandes in der Bauform 0306 bedeutet dann auch 0,03×0,06 Inch also 0,76×1,52 mm. Da sich die verschiedenen Hersteller untereinander nicht immer ganz einig sind, kann 0306 allerdings auch 0,3×0,6 mm bedeuten. Vorbei ist also die genormte Welt.

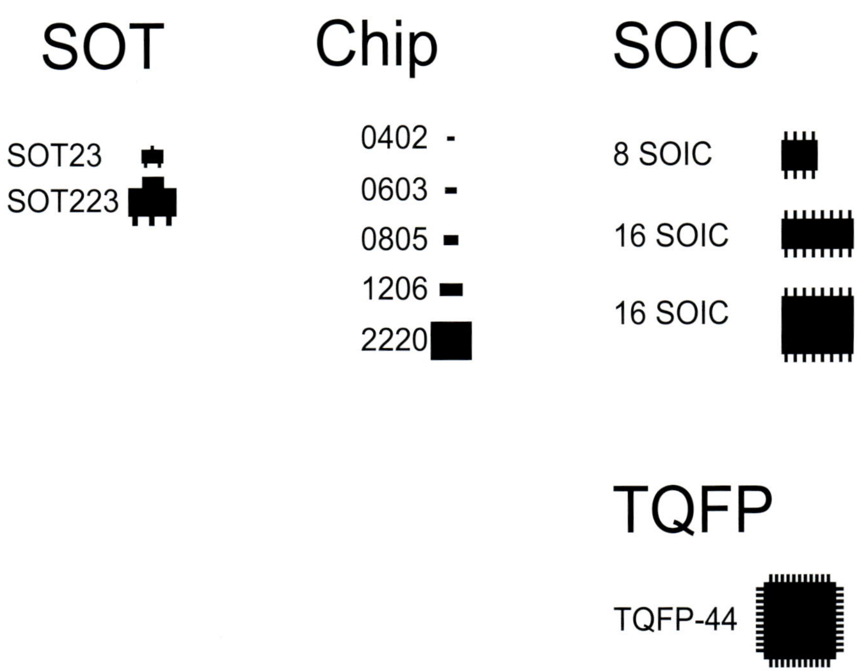

Abmessungen ohne Pins (nicht abschließend)

Typ	Package	Breite (mm)	Länge (mm)	Höhe (mm)	Pins
Chip	0201	0,3	0,6		2
	0402	0,5	1,0		2
	0603	0,8	1,6		2
	0805	1,2	2,0		2
	1206	1,6	3,2		2
	2220	5,0	5,7		2
SOT	SOT-23	1,75	2,9	1,3	3
	SOT-223	3,7	6,7	1,8	3
	SOT-663	1,6	1,6	0,55	3
	SOT-23-6	1,75	2,9	1,3	6
	SOT-953	1,0	1,0	0,55	5
MELF	MELF		5,8	2,2	2
	Mini-MELF		3,6	1,4	2
	Micro-MELF		2,2	1,1	2
SOD	SOD123	1,5	2,6	1,2	2
	SOD223	1,3	1,7	1,1	2
	SOD923	0,55	0,75	0,35	2
SOIC	SO-8	3,8	4,9	1,4	8
	SO-16	3,8	10	1,5	16
	SO-20	7,5	12,6	2,5	20
TSSOP	TSSOP-14	4,3	5	1,2	14
	TSSOP-20	4,3	6,4	1,2	20

Eine kleine Übersicht an Abmessungen und Größen. Der Fantasie der Hersteller sind hier keine Grenzen gesetzt, sodass diese Auflistung das Thema nur anreißen kann

Codes

Auf den herkömmlichen Teilen ist oftmals Platz für halbe Romane. Widerstände hatten einen, zumindest für Elektroniker, selbstsprechenden Farbcode. Lediglich bei den kleinen bedrahteten Kondensatoren begegnete uns auch hier bereits eine dreistellige Zahlenkombination, welche uns zumindest in den Grundrechenarten forderte.

Bedingt durch die maschinelle Bestückung der im Gurt gelieferten Bauteile ist eine Kennzeichnung einzelner Komponenten eigentlich nicht mehr nötig und wird daher gelegentlich auch komplett weggelassen oder wenn überhaupt recht rudimentär gepflegt. Bei ungepolten keramischen Kondensatoren z.B. verzichtet die Industrie oftmals auf jede Bezeichnung. Hier ist eine sortenreine Aufbewahrung bzw. ein Komponententester unverzichtbar.

Bei Transistoren begegnet uns ein zumeist zweistelliger Code, der mittels unbedingt empfehlenswerter Vergleichslisten entziffert werden kann. Widerstände hingegen haben den vorhin erwähnten dreistelligen Code, den wir bereits von den Keramikkondensatoren her kennen.

Auch bei Elkos begegnet uns dieser Code mit etwas anderer Bedeutung.

Bauteile

Widerstände

Typen:
- Metallfilm
- Kohleschicht

Bauformen:
- CHIP
- MELF

Codierung:
Der Aufdruck der Widerstände besteht aus einem Zahlencode. Wie auch bei den bekannten Ringen geben die ersten Zahlen den Wert und die letzte den Exponenten, also die Anzahl der folgenden Nullen. Gelegentlich wird der Exponent auch als Buchstabe angegeben, wobei „A“ der „1“ entspricht und „D“ der „4“

Beispiele:
102 entspricht 10×10^2 gleich 1.000 Ohm
330 entspricht 33×10^0 gleich 33 Ohm
4R7 entspricht 4,7 Ohm (R anstelle des Kommas)
10D entspricht 10 kOhm

Bemerkungen:
Zumeist haben die Chip-Widerstände 1/8 Watt oder 1/10 Watt Belastbarkeit. Die MELF-Bauform bekommt man auch in 0,5 Watt.

Kondensatoren

Typen:
- Elektrolyt
- Keramisch/Vielschicht

Bauformen:
- V-CHIP
- CHIP

Codierung:
Elektrolytkondensatoren der Chip-Bauform haben eine ähnliche Codierung wie die Widerstände. Allerdings gibt die letzte Zahl den Exponenten zur Bezugsgröße Piko-Farad (pF) an. Je nach Platz ist die Spannungsfestigkeit im Klartext mit aufgedruckt.

Die Codierung bei den V-Chip Kondensatoren kann auch aus Zahlen und einem Buchstaben bestehen. Die ersten beiden Ziffern geben den Wert an. Die dritte Ziffer bezeichnet dem Mutiplikator, wobei der Wert dann in µF herauskommt. Der Buchstabe an der Kommastelle bezeichnet die Spannungsfestigkeit.

C	D	E	F	G	H
6,3 V	10 V	16 V	25 V	40 V	63 V

3D3 ist demnach ein 3,3-µF-Kondensator mit 10 V Spannung. 151E entspricht einem 150-µF-Kondensator mit 16 V. Analog zu den herkömmlichen Elektrolytkondensatoren ist hier Minus mit einer Markierung versehen.

Die keramischen Vielschichtkondensatoren haben zumeist keinerlei Aufdruck. Auch die Baugröße verrät nichts über seine inneren Werte. Hier sind besondere Sorgfalt und Dokumentation hilfreich. Alternativ gibt der Griff zum Komponententester Sicherheit.

Bemerkungen:
Im Gegensatz zu den herkömmlichen Elkos ist bei den Chip-Kondensatoren Plus mit einer Markierung versehen. Außerdem ist der Kondensator an dieser Seite angefast. Es handelt sich in der Chip-Bauform zumeist um Tantal-Elkos, während die V-Chips oftmals herkömmliche Becherelkos sind, bei denen die Drähte durch eine Basisplatte zur Oberflächenmontage ersetzt wurden.

Beispiele:

335	entspricht	33×10^5	gleich	3.300.000 pF	gleich	3,3 µF
104	entspricht	10×10^4	gleich	100.000 pF	gleich	100 nF

Dioden

Typen:
• Siliziumdioden
• Zenerdioden
• Schottky-Dioden

Bauformen:
• MELF
• SOD
• SOT

Codierung:
Die Kathode ist mit einer Markierung versehen.

In der Bauform „MELF“ ist der Typ häufig analog der herkömmlichen Bauform im Klartext aufgedruckt. Der eventuell vorhandene Farbring ist leider kein allgemein verbindlicher Code, sondern variiert herstellerbedingt.

Bei den Chip-, SOD- und SOT-Bauformen ist zumeist ebenfalls ein Code aufgedruckt. Auch dieser ist herstellerabhängig, was ein Datenblatt sinnvoll macht.

Bemerkungen:
Gerade bei den SOD-Typen empfiehlt es sich genau hinzusehen, der Code ist oft sehr klein und sehr schwach in das Bauteil eingeprägt. Am besten dreht man das Bauteil langsam unter einer Lampe, bis die Zeichen sichtbar werden.

Transistoren

Typen:
• PNP
• NPN

Bauformen:
• SOT

Codierung:
Die aufgedruckte Codierung, bestehend aus zwei alphanumerischen Zeichen, folgt keiner mir bekannten Logik. Hier helfen wirklich nur noch Vergleichslisten, in denen anhand des Codes die Werte herausgelesen werden können.

3F wäre zum Beispiel ein einfacher PNP Transistor BC107.

Bemerkungen:
Gerade bei den Transistoren ist die begrenzte Leistungsfähigkeit zu beachten. Aufgrund der kleinen Oberfläche können sie Wärme nur schlecht abgeben.

IC

Bauformen:
- SOT
- SOIC
- QFP

Codierung:
Bei vielen Typen ist zumeist der gleiche Aufdruck analog den herkömmlichen ICs vorhanden. Auch die Pinbelegung ist identisch.

Bemerkungen:
Gerade beim Verlöten der IC sind oft kreative Arbeitsweisen gefragt. Daher sollte man den Bauteilen zwischendurch ausreichend Zeit zum Abkühlen geben.

Schalter

Typen:
- Schiebeschalter
- Taster

Bauformen:
Je nach Anwendungsgebiet werden verschiedenste Schaltertypen benötigt. Somit gibt es nichts, was es nicht gibt. Vor allem bei der Reparatur defekter Platinen oder der Nachbestellung von Bauteilen kann das zur Herausforderung werden.

Bemerkungen:
Die Schalter müssen hitzebeständig sein, um auch industriell verarbeitet werden zu können. Sie sind jedoch mechanisch und elektrisch nicht so hoch belastbar. Oftmals handelt es sich um die gleichen Schalter und Taster wie bei der herkömmlichen Verarbeitung, lediglich die Anschlussbeine sind kürzer und umgebogen.

LED

Bauformen:
- SOT
- CHIP
- Sonderbauformen

Codierung:
Auf der Rückseite der CHIP-LED ist oft eine Symbolik zu finden, welche ein stilisiertes Diodenschaltzeichen darstellt. Ist das Zeichen nicht komplett aufgedruckt, finden wir ein Dreieck oder einen Pfeil in Richtung Kathode. Gelegentlich ist auch ein Strich als Kathodensymbol aufgedruckt.

Bei den SOT-LED sind nur zwei der drei Anschlüsse genutzt. Die Bauteile sind nicht codiert, sodass nur ausmessen hilft.

Bemerkungen:
Die Bauteile sind recht hitzeempfindlich. Lötet man zu lange darauf herum, löst sich die Kunststoffhülle ab. Daher ist es hier besonders wichtig, eine kurze Verarbeitungszeit anzustreben.

Verarbeitung

Greifen und Platzieren

Wie eingangs schon erwähnt ist eine feine amagnetische Pinzette die beste Methode, die kleinen Teile zu platzieren. Sinnvollerweise sollte das Greifwerkzeug auch hitzebeständig sein. Im Handel werden auch Vakuumpipetten für diesen Zweck angeboten. Ich persönlich komme damit nicht so recht klar, denn zum einen sind die Silikonspitzen nicht hitzebeständig und zum Anderen ziehen sie meist etwas Nebenluft. Anders verhält es sich mit motorisch betrieben Unterdruckgreifern, diese sind allerdings im Hobbybereich eher selten anzutreffen. Diese haben feinere hitzebeständige Spitzen. Für den Hobbybereich reichen jedoch die besagten Pinzetten völlig aus.

Beim Greifen ist es wichtig, die Kraft angemessen zu dosieren. Greift man zu fest oder liegen die Spitzen der Pinzetten nicht exakt voreinander, hört man leises „Schnipp“ und kann, angesichts der nun leeren Pinzettenspitze, nur hoffen noch ein weiteres baugleiches Bauteil parat zu haben

Reinigen

Als Stolperstein kann oftmals die böse Oxidation unseren Erfolg schmälern. Gerade bei selbst geätzten Platinen oder, wenn die Bauteile lange Zeit lose in einer Wühlkiste lagern, laufen die Oberflächen gerne mal an. Dies kann soweit führen, dass das Flussmittel im Lötzinn nicht mehr in der Lage ist, die Oxidschicht aufzulösen. Also gilt es die Oxidschicht, welche sich auf den Metallteilen niedergesetzt hat zu beseitigen. Dies kann schon bei der Produktion der Platinen geschehen, indem die fertig geätzten Platinen gleich mit Lötlack behandelt werden.

Sind die Platinen erkennbar angelaufen, empfiehlt es sich mit einem Glashaarradierer die Lötpads von der Oxidschicht zu befreien. Er sieht aus wie ein kleiner Drehbleistift. Nur befindet sich anstelle der Bleistiftmine ein Bündel feiner Glasfasern an seiner Spitze. Damit kann die Oxidschicht vor der Löterei entfernt werden. Eine zu intensive Behandlung führt jedoch schnell dazu, dass die dünne Kupferschicht gleich mit wegradiert wird. Diese Prozedur sollte also nur einmal unmittelbar vor dem Löten erfolgen. Ein mildes Flussmittel kann weiterhin helfen, die Lötstellen vorzubehandeln. Hier ist jedoch Vorsicht geboten. Werden die Flussmittelrückstände vor der Bestückung nicht restlos entfernt, fressen sie sich durch die Leiterbahn und gegebenenfalls die metallischen Anschlüsse der Bauteile. Somit ist unsere Schaltung nach ein paar Tagen oder Wochen hinüber. Aus gleichem Grunde sollten keinesfalls Lötwasser oder Säuren eingesetzt werden. Diese sind dermaßen aggressiv, dass es in kürzester Zeit die Metallteile der elektrischen Bauteile angreift und die fertige Schaltung spätestens nach ein paar Tagen unbrauchbar ist.

Liegen die Bauteile bereits über längerer Zeit in loser Schüttung im Kleinteilemagazin, können auch diese anlaufen. Dann hilft zumeist etwas Lötfett als Zugabe vor der Lötung.

Gerade bei selbst geätzten Platinen kommt es vor, dass diese mangels Schutzlack gereinigt werden müssen. Die Oxidschicht wird am effektivsten mit einem Glashaarradierer entfernt

Der Lötkolben

Es sollte immer eine der Lötstelle angemessene Spitze zur Anwendung kommen. Das ist immer ein Kompromiss zwischen der benötigten Wärmemenge und der physikalischen Größe der Spitze selber. Ist ein Bauteil mit großen Kühlfahnen an der Reihe, sollte die Spitze gegebenenfalls gegen eine größere Meißelform gewechselt werden, während bei den 603er-Widerständen die 0,8-mm-Bleistiftspitze zum Einsatz kommt.

Natürlich hat eine kleine dünne Spitze nicht die gleiche Lebensdauer wie eine dicke Meißelspitze. Den Zustand erkennt man leicht. Die angeheizte Spitze sollte leicht Zinn annehmen und sich mit einem angefeuchteten Schwamm gut reinigen lassen. Die Beschichtung sollte im Bereich der Spitze als glänzender Belag gut erkennbar ein und es sind keine Krater oder ausgebrannten Stellen an der Spitze erkennbar.

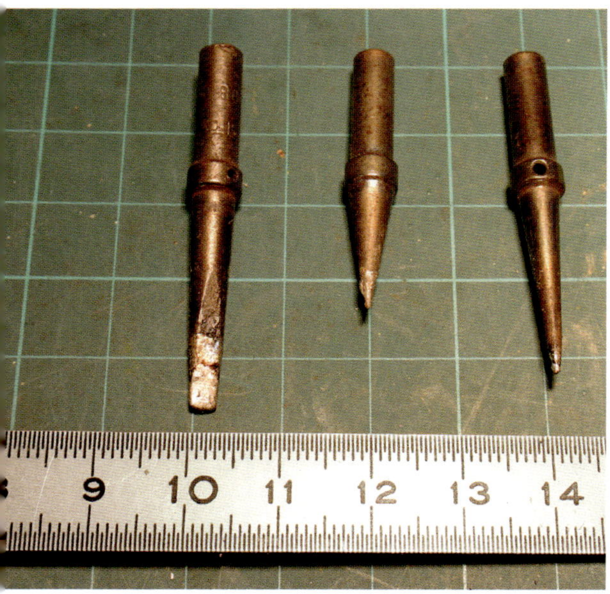

Die übliche Meißelspitze wird bei der SMD-Verarbeitung nur selten eingesetzt. Dünne spitze Lötspitzen oder spezielle SMD-Spitzen gehören zur Grundausstattung

Lötverfahren

Löten stellt (wie auch das Schweißen) eine Fügetechnik dar, die durch Stoffverbindungen hergestellt werden. Man nennt sie stoffschlüssige Verbindungen. Sie gelten als unlösbare Verbindungen, weil zur Lösung der Verbindung das Bindemittel zerstört werden muss.

Da die Metalle durch den Sauerstoff der Luft mit Oxiden überzogen sind, müssen diese vor dem eigentlichen Lötvorgang beseitigt werden. Dies kann mechanisch geschehen (Kratzen, Bürsten, Schleifen). Meist genügt dies jedoch nicht, weil die Oxide sehr hart sind. Ein besseres Ergebnis wird mit Säuren, Laugen oder Salzen erreicht. Die dafür benutzten Stoffe heißen Flussmittel.

In den meisten üblichen „Elektronik-Loten" ist das Flussmittel bereits im Kern des Lötdrahtes enthalten, sodass eine Vorbehandlung der Lötstelle nicht erforderlich ist. Diese Flussmittel bestehen in unserem Fall meist aus in Alkohol gelösten Harzen (z.B. Kolophonium).

Anhand der Bezeichnung des Lötzinn kann man auf dessen Zusammensetzung schließen: z.B. L-Sn60PbCu2

L = Lot
Sn60Pb = 60% Zinn + (38%) Blei
Cu2 = 2% Kupfer

Das in der Elektrotechnik weit verbreitete Weichlöten wird mit einer Temperatur von bis zu 450°C durchgeführt. In der Praxis ist eine Temperatur von 250 und 350°C üblich. Zu hohe Temperaturen verkürzen die Standzeit der Lötspitze, zu kalte gewährleisten keine saubere Lötverbindung.

Kommen wir nun zunächst zum klassischen Lötverfahren mit Lötkolben und Zinn. Dieses wird bei den meisten Hobbyanwendern vorwiegend genutzt. Bei Widerständen, Kondensatoren und anderen zweipoligen Bauteilen ist es am besten, zunächst ein Lötpad auf der Platine zu verzinnen. Dann wird das Bauteil mit der Pinzette positioniert und die Lötstelle erwärmt. Wie bei den herkömmlichen Teilen ist es sinnvoll, beide zu verlötenden Metallflächen gleichermaßen zu erwärmen. Wird der Lötkolben nur auf das Lötpad der Platine gehalten, muss die Wärme durch die Leiterbahn über das Lötzinn das Bauteil erreichen. Die Lötstelle wird dann kaum brauchbar sein. Werden beide Flächen gleichermaßen erwärmt, sollte sich das Zinn durch die Kapillarwirkung in den Zwischenraum hineinziehen und eine sicher elektrische und mechanische Verbindung gewährleisten.

Ablauf der Lötung

- Die Lötung soll zügig vorgenommen werden, denn durch zu langes Löten können die Bauteile zerstört werden.
- Zum Löten wird die vorverzinnte Lötspitze so auf die Lötstelle gehalten, dass zugleich Bauteil und Leiterbahn erwärmt werden.
- Voraussetzung für eine einwandfreie Lötstelle ist eine saubere, nicht oxidierte Lötspitze. Gegebenenfalls ist sie vor der Lötung mit einem feuchten Schwamm zu reinigen.
- Nach dem Löten darf die Lötstelle nicht mechanisch belastet werden, bis sie abgekühlt ist (ca. 5 Sekunden).
- Nach dem Löten werden bei bedrahteten Bauteilen die Bauteildrähte direkt über der Lötstelle mit einem Seitenschneider abgeschnitten.
- Grundsätzlich sollte die Lötstelle nach dem Löten auf Zinnbrücken (Kurzschlüsse) oder „kalte Lötstelle“ (schlechte, nicht belastbare Verbindung) kontrolliert werden.

Richtig Löten

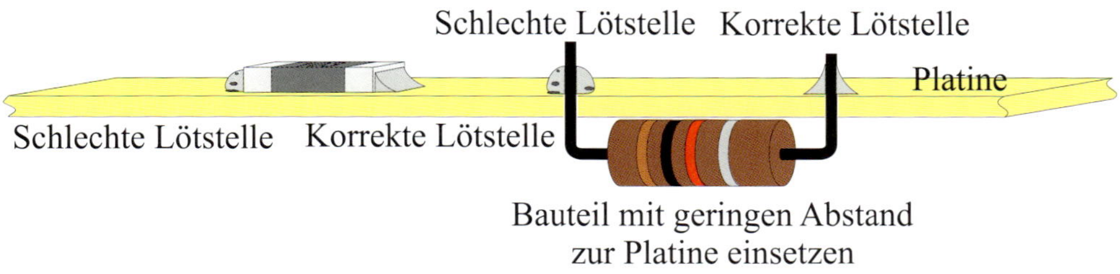

Merkmal einer schlechten (kalten) Lötstelle	Merkmal einer guten Lötstelle
Matte Oberfläche (evtl. Mit Einschlüssen)	Silbrig glänzende Oberfläche
Lötzinn "klebt" nur am Draht bzw. Lötauge	Lötzinn ist mit dem Bauteil und dem Lötauge/Pad eine stoffschlüssige Verbindung eingegangen
Bei geringer mechanischer Belastung bricht die Lötstelle	Kein "Lötzinnklumpen"

Mögliche Ursachen einer schlechten (kalten) Lötstelle:

- Nur ein Teil der Lötstelle (Draht bzw. Lötauge) wird erhitzt.
- Stark oxidierte Oberflächen
- Unsauberer Lötkolben
- Falsche Löttemperatur
- Zu lange Lötzeit

Nachdem die ersten Widerstände platziert sind, wagen wir uns an mehrpolige Bauteile wie Transistoren und ICs. Prinzipiell ist die Vorgehensweise gleich: zunächst ein Pad verzinnen, dann positionieren, ausrichten und löten. Allerdings sind integrierte Bauteile oftmals etwas empfindlicher. Also ist hier erst recht eine kurze Lötzeit anzustreben. Gegebenenfalls wird man dem IC zwischendurch auch etwas Zeit zum Abkühlen geben müssen.

Ist das IC durch die erste Lötung korrekt positioniert, geht der Rest fast von selbst

Hat man sich bei den SMD-Bauteilen an das Rastermaß 1,27 mm, also 0,05 Inch schnell gewöhnt, wird man bemerken, dass findige Ingenieure ihr Handwerk auf die Spitze getrieben haben. Die Teile werden immer kleiner und somit die Pins immer dichter. So eine normale SMD-Lötspitze ist 1 mm dick. Bei den Pinabständen ist jedoch 0,65 mm keine Seltenheit. Schnell sind hier zwei Pads oder mehr mit einem großen Klecks Zinn verbunden.

Irgendwann sollten man sich also von der eben beschriebenen Arbeitsweise lösen und andere Wege gehen. Das ist dann auch der Zeitpunkt mit einigen physikalischen Tricks zu arbeiten.

Kontaktloses Löten

Um die Wärme an die Lötstelle zu transportieren, gibt es mehrere Wege. Neben dem Lötkolben kann man auch mit „heißer Luft“ löten. Dabei muss es nicht gleich die Flamme sein. Es gibt erschwingliche Heißluftlötkolben, die sowohl in der Temperatur als auch in der Luftmenge einstellbar sind. Je nach Anwendung ist es möglich, durch verschiedene Aufsätze den Luftstrom passend für die verschiedenen Bauteilformen zu dosieren. Zumeist reicht jedoch ein dünner leichter Luftstrom, welcher die Teile nicht gleich wegpustet.

Wird zunächst die Platine verzinnt und dann mit einem Heißluftkolben das Bauteil an den Anschlussstellen erwärmt, werden alle Pins gleichzeitig verlötet. Dazu kreist man mit der Spitze gleichmäßig über die Pins und erwärmt sie somit gleichmäßig. Mit der Pinzette wird das Teil zeitgleich leicht auf die Platine gedrückt und positioniert. Dabei sorgt die Oberflächenspannung des Zinns dafür, dass keine Lötbrücken entstehen. Ist das Zinn gleichmäßig verlaufen, nimmt man die Wärme weg und wartet kurz, bis die Zinnoberflächen leicht matt werden. Dann kann auch die Pinzette abgenommen werden. Aber Vorsicht, die Spitzen der Pinzetten könnten noch heiß ein.

Natürlich kann man diese Methode auch mit einer Flamme praktizieren, jedoch ist der schmale Zeitpunkt zwischen „zu kalt“ und „verbrannt“ sehr schwer zu erreichen. Daher empfehle ich, für diesen Fall zunächst an alten Platinen zu trainieren.

Lötpaste

Neben dem klassischen Lötzinn kann man auch Lötpaste oder speziell für den SMD-Bereich Löthonig verwenden. Dieser wird zumeist in einer kleinen Spritze angeboten und ist reichlich hochpreisig. Da aber nur äußerst wenig davon benötigt wird, relativieren sich die Kosten etwas.

Die Lötpaste wird zunächst auf den Lötpads aufgetragen. Hier ist es ratsam die Platine leicht auf 40° vorzuwärmen, damit die Paste sich auch auf dem Pad verteilt und nicht an der Spritze kleben bleibt.

Anschließend kann wieder wie zuvor beschrieben mit Heißluft gelötet werden.

Reflow-Technik

Eine weitere interessante Methode ist das Löten mittels Ofen. Ein kleiner Pizzaofen erzeugt genug Wärme, um auch Platinen zu verlöten. Werden die zu verlötenden Bauteile mit Lötpaste vorbereitet und dann platziert, kann im Ofen, auf der Herdplatte oder sogar dem im Schraubstock fixierten Bügeleisen die Platine in einem Rutsch verlötet werden. Jedoch sollte man sich dabei nicht unbedingt vom Haushaltsvorstand erwischen lassen. Denn ob der Ofen danach noch für die Pizzazubereitung nutzbar ist, wage ich aufgrund der Lötdämpfe mal zu bezweifeln. Interessanterweise sorgt die bleihaltige Lötpaste durch die Oberflächenspannung automatisch auch dafür, dass die Bauteile sich auf den Pads ausrichten. Gerade bei Bauteilen mit vielen eng zueinander liegenden Pins oder bei den BGA-Bauteilen mit ihren Lötperlen auf der Unterseite ist diese Methode des heimatlichen Reflow-Verfahrens zumindest mal interessant, erfordert aber schon einige Übung.

Auch bei Reparaturversuchen an vermeintlich defekten Schaltungen wie z.B. Empfängern kann hiermit gearbeitet werden. Wird die komplette Platine im Ofen erhitzt, besteht die Hoffnung, dass eventuelle kalte Lötstellen aufschmelzen und sich wieder verbinden. Eine Erfolgsgarantie kann hier natürlich nicht gegeben werden.

Aber auch mit dem normalen Lötkolben lassen sich vielbeinige Käfer verlöten. Diese Methode haben wir im Kapitel Bausatzlöten bereits kennengelernt. Hier noch einmal die einzelnen Schritte:

Im optimalen Fall ist die Platine wieder verzinnt und mit Lötstopplack versehen, der verhindert, dass sich Lötzinn zwischen den Pads ansammeln kann. Das Bauteil wird zunächst an den gegenüberliegenden Ecken angelötet. Dann geben wir an die zu verlötenden Pins etwas Flussmittel. Mit einer verzinnten Lötspitze fahren wir dann langsam über die Pinreihe. Die Geschwindigkeit hängt hier von der Temperatur und der Stärke des Kolbens ab, ein bis zwei Sekunden pro Pad sollten eigentlich ausreichen. Ein besonderes Augenmerk gibt der Erwärmung des Bauteiles selber. Hier ist es ratsam, nach jeder Seite etwas Zeit zum Abkühlen einzuplanen.

Sicherlich hat sich die eine oder andere Lötbrücke eingeschlichen. Selbige kann aber leicht mit Entlötlitze wieder entfernt werden.

Zum Abschluss sollten die Lötstellen hier unbedingt mit einer Lupe kontrolliert werden.

Auslöten

Nun haben wir es im Modellbau nicht nur mit dem Aufbau von Schaltungen zu tun. Oftmals gilt es auch, Schaltungen zu reparieren oder zu modifizieren. Dazu müssen gelegentlich auch mal bereits verlötete Teile entfernt, also ausgelötet werden.

In der industriellen automatischen Bestückung werden die Bauteile gerne geklebt, bevor sie in einem Lötbad verlötet werden. Dieser Umstand wird bei der Reparatur von solchen Platinen gelegentlich zu leisen Flüchen führen, da dann neben den mehr oder weniger zahlreichen Lötstellen auch noch die Klebung gelöst werden muss. Bei unseren selbst gebauten Platinen ist dies nicht der Fall, was die Entfernung falsch positionierter Bauteile deutlich einfacher macht.

Um die Lötverbindung der Bauteile zu lösen, gilt es zunächst einmal möglichst viel Zinn zu entfernen. Dazu wird Entlötlitze auf die Lötstelle gelegt und mit dem Lötkolben angedrückt. Durch die Kapillarwirkung der Entlötlitze fließt ein Großteil des Zinns in dessen Geflecht. Aus diesem Grunde ist es wichtig die Litze mit ihrem Ende auf die Lötstelle zu drücken und nicht irgendwo mittendrin, denn so wird deutlich mehr Zinn aufgesaugt. Eventuell sollte bei feinen Lötstellen die Litze auch schräg angeschnitten werden, um zielgenauer arbeiten zu können. Befindet sich dann das Zinn in der Litze, wird diese einfach entsprechend abgeschnitten. Es ist empfehlenswert hier von der Rolle zu arbeiten und ein paar Zentimeter vor Gebrauch abzurollen, denn die Litze ist ein recht guter Wärmeleiter und die Nervenenden in den Fingerspitzen sind sehr sensibel.

Im Anschluss kann das Bauteil oftmals durch nochmaliges kurzes Erhitzen entfernt werden.

Bei Bauteilen mit mehr als zwei Pins, ist es sinnvoll die Lötstellen noch einmal zu erhitzen und eine Entlötklinge zwischen Platine und Pin zu schieben. Wenn nun die Lötstelle wieder abkühlt, bleiben beide Teile getrennt. Ist dies bei allen Pins geschehen, kann das Bauteil abgenommen werden.

Gewalt ist hier nicht zielführend. Denn wenn die Verbindung zum Lötpad noch existiert und das Teil abgerissen wird, kommt üblicherweise die Leiterbahn gleich mit und die Platine ist zerstört.

Soll ein neues Teil hier eingelötet werden, empfiehlt es sich alle Pads noch einmal zu erhitzen, damit sich das Zinn wieder gleichmäßig verteilt und keine Kraterlandschaft das flächige Aufliegen des Teiles verhindert.

Lötpinzette

Um uns die Arbeit zu erleichtern, hat die Industrie auch spezielle Lötspitzen und -kolben auf den Markt gebracht. Sie bestehen aus zwei miteinander verbundenen Lötkolben, die wie eine Zange oder Pinzette geführt werden. So können die Bauteile auf zwei Seiten gleichzeitig erhitzt werden und dann gleich mit diesem Werkzeug abgehoben werden. Zumeist liegen hier verschiedenen Spitzen bei, um vom einfachen Widerstand bis zum langen IC alle Lötstellen der entsprechenden Seiten gleichzeitig zu erhitzen. Sind Lötpads auf mehr als zwei gegenüberliegenden Seiten vorhanden, so helfen diese Lötkolben leider nicht weiter. In diesen Fällen ist die Heißluft-Lötstation wieder mein Favorit. Ein Nachteil soll allerdings auch her nicht verschwiegen werden: Die heiße Luft kann nur bedingt zielgerichtet geführt werden. Auch mit einer noch so kleinen Düse werden gerne mal die Lötpads in der Nachbarschaft aufgeheizt und die dort befindlichen Bauteile mit ausgelötet und weggepustet.

Auch beim Auslöten gibt es natürliche unkonventionelle Methoden. Wie auch beim Verlöten kann man die benötigte Temperatur mit allerlei Hilfsmitteln erreichen. Es gilt dabei immer im Vorfeld zu entscheiden, welche

Komponenten weiterhin benötigt werden.

Man kann z.B. mit einer breiten Lötspitze abwechselnd in schneller Folge alle Anschlüsse des Bauteils erwärmen. Wird dabei reichlich Zinn zugegeben, klappt dies dank der besseren Wärmekopplung sehr gut. Nachdem alle Pins auf Temperatur sind, wird das Bauteil abgehoben und zum Abkühlen beiseitegelegt. Die Platine kann dann mit Entlötlitze gereinigt werden. Auch das Bauteil überlebt diese Behandlung oftmals, ohne Schaden zu nehmen.

Wird das Bauteil, zumeist ein IC, nicht mehr benötigt, können auch einfach die IC-Beinchen mit einer kleinen Trennscheibe in der Minibohrmaschine abgetrennt werden. Die einzelnen Beinchen werden dann später mit dem Lötkolben von der Platine „gepflückt“ und es kann ein neues IC eingesetzt werden.

Bauteile verdrahten

Mal abgesehen von leistungshungrigen Motoren oder Suchscheinwerfern ist die Wahl des Drahtes größtenteils Geschmackssache. Ich verwende gerne Kupferlackdraht in den verschiedenen Stärken. Feine Litze bekommt als „Decoderlitze“ im Modellbahngeschäft oder als „Tonabnehmerlitze“ im HiFi-Zubehör

Gerade bei LEDs kommt es vor, dass diese nicht auf einer Platine, sondern eher „frei im Raum“ angeschlossen werden sollen. Hier kommt nun unsere Spannmöglichkeit aus dem Werkstattkapitel um Einsatz. Alternativ kann man natürlich ein Bauteil, z.B. die LED, einfach mit doppelseitigem Klebeband auf dem Tisch ankleben, um es dann mit einem Kupferlackdraht zu verkabeln. Komfortabler ist hier jedoch unser Spannblech. Die LED wird mit dem Blech auf dem Holz fixiert und kann dann ohne Verlustängste mit Kupferlackdraht angeschlossen werden. Dieser Draht eignet sich ganz allgemein sehr gut zur Verkabelung im Modellbau. Er lässt sich mit Pinzette auch im Modell noch in Form bringen und gut tarnen. Sei es als Kabelbaum am Mast, Hydraulikleitungen oder zur Verlegung in irgendwelchen Ecken. Im Modell kann er dann mit einer feinen Nagelschere, der Schneidpinzette oder dem Seitenschneider zugeschnitten werden. Um diesen Draht anzulöten, wird er am Ende mit dem Lötkolben erhitzt. Vorzugsweise sollte sich etwas Lötzinn an der Lötkolbenspitze befinden, um die Wärme optimal zu übertragen. Man stecke den Draht dann einfach in den Lötzinntropfen. Nach ein paar Sekunden sieht man, dass der Lack sich auflöst und das Ende silbrig glänzend schimmert. So können gezielt nur wenige Millimeter oder auch eine längere Strecke abisoliert werden. Etwas aufwendiger wird es, wenn der Draht nicht am Ende, sondern an anderer Stelle abisoliert werden soll. Dann muss schon eine ganze Zeit erhitzt werden, bevor die Isolierung aufschmilzt. Das zeigt dann auch, wie robust dieser Lack eigentlich ist.

Es lassen sich übrigens auch einfache Schaltungen komplett im Raum ohne Platine realisieren, wenngleich dies oftmals mehr aus einer Laune heraus als durch Platznot getrieben geschieht. Am berühmten Samstagabend muss mal eben ein Fahrtregler aufgebaut werden. Platinen sind natürlich nicht vorhanden. Also wird ein IC ZN409 kopfüber mit Klebeband auf dem Holzbrett fixiert und die übrigen Bauteile zwischen den IC-Beinen mit Kupferlackdraht verdrahtet. Dabei muss darauf geachtet werden, dass das IC-Datenblatt natürlich die Draufsicht zeigt, wir also spiegelverkehrt verdrahten müssen. Wie erwähnt hat das üblicherweise keinen praktischen Mehrwert, stellt aber eine unheimlich gute Lötübung dar.

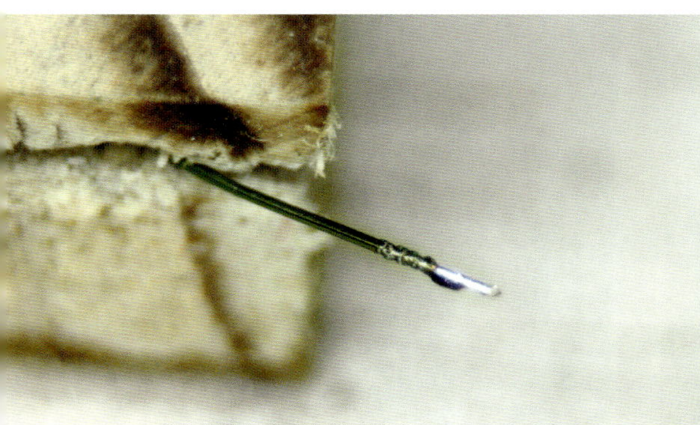

◀ Wenn man den Bogen mit dem Abisolieren einmal raus hat, ist Kupferlackdraht optimal für SMD-Schaltungen und Modellverdrahtungen geeignet

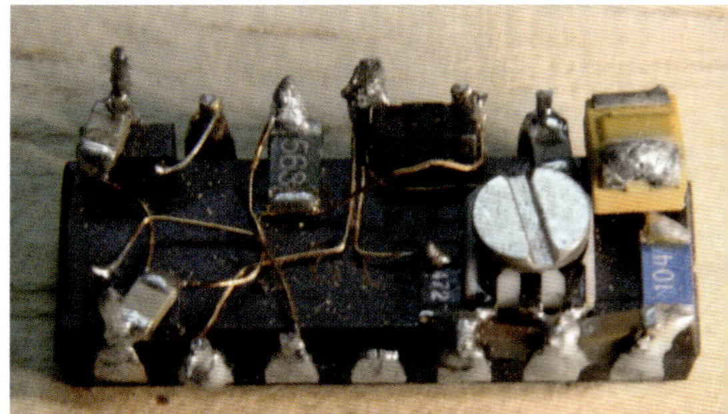

▶ Zumindest bei überschaubaren Schaltplänen ist diese Bauweise eine interessante Alternative

Schaltungen reparieren

Nach der Bauteilkunde können wir uns an die Reparatur einer defekten Schaltung wagen. Bislang wanderten defekte Platinen immer in die Rundablage, nun haben wir zumindest die Chance die eine oder andere Schaltung zu retten.

Zunächst muss das vermeintlich defekte Bauteil entfernt werden. Mit dem Heißluftlötkolben wäre dies sehr einfach. Aber es geht auch mit dem kleinen Besteck. Als alternative Methode könnte man auch mit der Trennscheibe vorsichtig die Pins abtrennen und anschließend einzeln auslöten, da die Endstufe sowieso nicht mehr zum Einsatz kommen wird.

Aufgrund fehlerhafter Einschätzung der tatsächlichen Motorstromaufnahme hat dieser kleine Fahrtregler seinen Dienst quittiert. Bereits auf den ersten Blick wird deutlich, dass die untere Endstufe kaum wieder zur Arbeit zu überreden sein wird

Ein Pad wird erhitzt und dann vorsichtig die Entlötklinge zwischen Pad und Leiterbahn geschoben. So werden nach und nach alle Lötstellen aufgetrennt

Nun ist hier auf der Endstufe leider kein Aufdruck mehr zu erkennen. Ein Schaltplan steht auch nicht zur Verfügung. Somit ist etwas Detektivarbeit gefragt. Mit etwas Glück finden sich im Internet Produktbilder des Anbieters dieser Schaltung, auf denen ein Aufdruck erkennbar ist. Bei mir befand sich ein weiterer baugleicher Fahrtregler, auf dem die Aufschrift zu lesen war: „327F". Das ist dann der Punkt, an dem die bereits erwähnten Vergleichslisten zurate gezogen werden. Alternativ kann der Code auch in die Internetsuchmaschine des Vertrauens eingegeben werden. Am besten mit dem Zusatz „SMD" „Package" und „Code". Nach einer gewissen Zeit der Recherche haben wir dann dazu den entsprechenden Chip, hier ist es die Endstufe MC6327C, eine kleine H-Brücke. Da der gemeine Modellbauer nichts wegschmeißt, befindet sich im „Altplatinenlager" eventuell sogar noch ein defekter Fahrtregler, bei dem dieses Bauteil noch intakt ist. Das wird dann in gleicher Weise wie das defekte ausgelötet.

Nun lassen sich sicher nicht alle Schaltungen reparieren oder es ist nicht immer so klar, welches Bauteil seinen Dienst eingestellt hat. Wenn der tot geglaubte Schalter aber wieder funktioniert, ist das Erfolgserlebnis sehr erhebend.

Ist das Bauteil entfernt, werden die Leiterbahnen kontrolliert. Hier haben wir Glück, sie sind nicht weiter beschädigt. Mit der Entlötlitze wird das überschüssige Zinn von den Pads entfernt

Das neue Bauteil wird zunächst probehalber platziert. So kann festgestellt werden, ob noch zu große „Zinnberge“ im Wege sind

Nun wird zunächst ein Pin verlötet. Dabei ist es kaum nötig, weiteres Zinn zuzuführen. Am Pad ist üblicherweise noch ausreichend vorhanden. Es reicht, das Pad mit dem Lötkolben in die Lötstelle zu drücken

Nun werden die Lötstellen nicht ganz so hübsch aussehen wie die maschinellen Versionen des Herstellers. Wenn sich nach einer Sichtkontrolle keine Kurzschlüsse oder fehlerhaften Lötstellen zeigen, kann der Regler wieder im Modell verbaut werden

Einbau ins Modell

Kamen die Schaltungen bislang oftmals mit einem eigenen Gehäuse oder zumindest mal mit anständig gebohrten Befestigungslöchern für Schrauben M3 daher, müssen wir nun umdenken, wenn es darum geht, die Schaltungen im Modell zu fixieren. Durch das fehlende Gehäuse, wie es z.B. bei großen Fahrtreglern üblich ist, müssen wir darauf achten, dass nun keine blanken Drähte Kurzschlüsse verursachen können. Hierzu gibt es verschiedene Strategien. Ich bevorzuge dabei die Verdrahtung mit Kupferlackdraht, welcher auf Länge geschnitten nicht großartig im Modell herumschwingen kann. Außerdem versuche ich die Leitungen im Modell zu Kabelbäumen zusammenzubinden, was zusätzliche Stabilität bringt. Somit kann ich weitgehend sicher sein, dass kein blank gescheuerter Draht in die Nähe von Leiterbahnen kommt.

Eine andere Strategie besteht in der Behandlung fertige Platinen mit Plastikspray. So sind sie gegen Feuchtigkeit geschützt und auch der Kontakt mit losen Kabeln im Modell wird zumindest erschwert. Will man jedoch später noch etwas an die Anschlusspads anlöten, wird dieses durch die Schutzschicht erschwert. Auch mechanische Komponenten wie Schalter oder Trimmer mögen diese Behandlung nicht unbedingt.

Nur wo es nötig ist, kommen stärkere Drähte zum Einsatz. Ansonsten wird mit Kupferlackdraht gearbeitet. Dabei geben die dickeren Drähte den Fahrtreglern mechanischen Halt

Fixierung

Auch wenn es aufgrund der Platinengröße verlockend ist, sollten die Schaltungen nicht unbedingt lose an den Drähten im Modell umherfliegen. Am einfachsten ist es die Schaltungen mit dicken weichen Klebepads an die Bordwand oder den Fahrzeugrahmen zu kleben. Diese sind leicht wieder lösbar und geben der Platine sicheren Halt.

Werden sowieso Kühlkörper benötigt, ist es sinnvoll diese mit einer Bohrung zu versehen und darüber die komplette Platine im Modell zu fixieren.

In anderen Fällen kann ein Fahrtregler z.B. auch an dickeren kurzen Kupferlackdrähten mit dem Motor verbunden werden. So wird der Regler direkt durch den Motor fixiert. Außerdem sind kurze Motorkabel bekanntermaßen vorteilhaft, wenn es um die Minimierung von Störungen geht. Dabei ist jedoch darauf zu achten, dass die Platine dann nicht anfängt zu schwingen. Es besteht die Gefahr, dass dann die Lötstellen brechen.

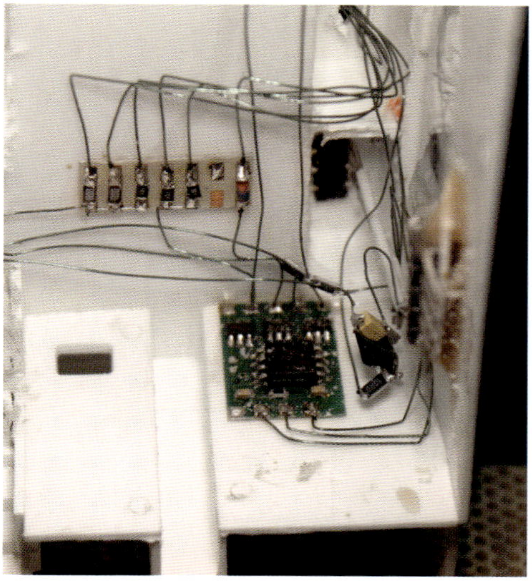

Mit etwas doppelseitigem Klebeband kann die Schaltung an die Bordwand geklebt werden, mit dem feinen Kupferlackdraht lassen sich die Schaltungen dann wunderbar verkabeln

Verdrahtung

Wie bereits erwähnt, bevorzuge ich Kupferlackdraht. Bei flexiblen Verbindungen eignen sich auch feine Litzen. Man bekommt sie als Decoderlitze für Modellbahner oder als Tonabnehmerlitze im HiFi-Bedarf. Angesichts der zumeist geringen Leistungen in kleinen Modellen bzw. bei den SMD-Platinen, ist es nicht notwendig dickere Leitungen zu ziehen.

Es empfiehlt sich, die anzulötenden Teile zu fixieren. Eine Platine kann z.B. mit doppelseitigem Klebeband im Modell festgesetzt werden. Sind LEDs zu verdrahten, hilft unser Frühstücksbrett weiter. Die LED wird unter das Federblech geklemmt und kann so verlötet werden, ohne dass sie stiften geht.

Der Draht wird mit einer Pinzette dann so geformt, dass er im Modell nicht auffällt. Sei es als Kabelbaum im Rahmen oder als Elektroinstallation am Schiffsmast

Anschluss

Gerade die kleineren Schaltungen haben natürlich auch feinere Anschlusspads. Bei den Empfängern werden nur so viele Anschlüsse wie nötig herausgeführt. So existiert oft nur 1× Plus und 1× Minus. Sollen von hier aus mehrere Servos versorgt werden wird es schnell eng. In solchen Fällen ist es sinnvoll für Plus und Minus je einen Verteiler im Modell vorzusehen. Dazu wird einfach ein Streifen Platinenmaterial in das Modell geklebt und mit Plus und Minus beschaltet. Von hier aus werden dann alle Verbraucher mit der benötigten Spannung versorgt. Dies ist zum einen übersichtlicher als eine wirre Verdrahtung vom Empfänger aus. Oftmals ist es auch schlichtweg unmöglich, mehr als zwei Leitungen an den winzigen Pads anzulöten. Zum anderen muss der Strom so nicht über den Empfänger geführt werden. Auch wenn es eher kleine Lastströme sind, können sie doch die empfindliche Empfängerelektronik beeinflussen.

Die Platinen für die Verteiler bekommt man als Lochrasterplatine mit Lötaugen oder auch Kupferstreifen im Elektronikhandel. Leider sind sie zumeist 1 mm dick, lassen sich jedoch mit dem Schleifpapier um einiges schlanker schleifen. Sie eignen sich nicht nur als Verteiler. Auch Vorwiderstände der Modellbeleuchtung lassen sich hier übersichtlich und leicht platzieren. Da in den Schaltmodulen zumeist minus geschaltet wird, sollte eine Seite der Lochrasterplatine mit Plus versorgt werden. So ist es ein Leichtes, die Vorwiderstände zu beschalten.

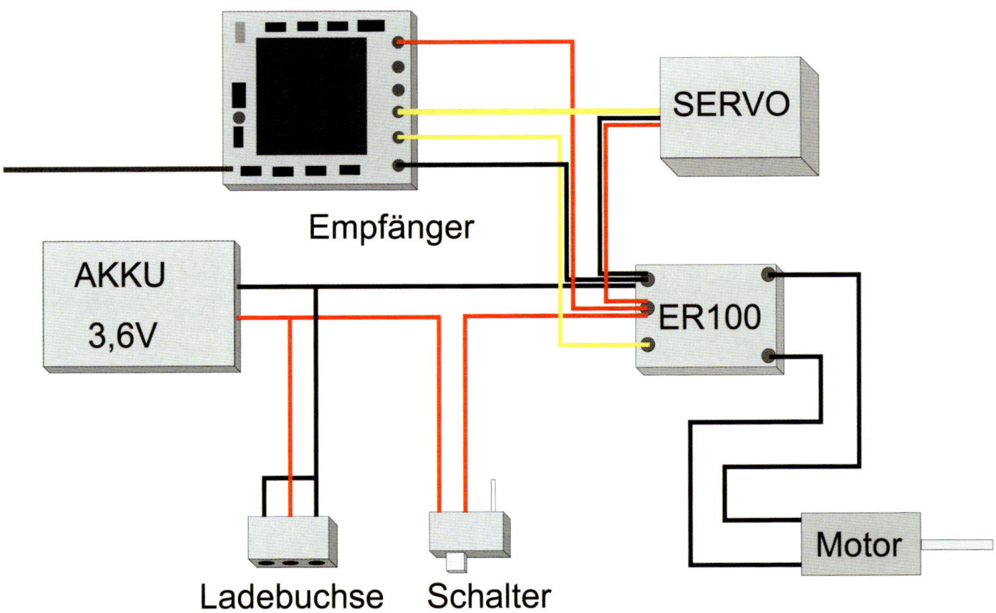

Anhand einer kleinen Fahrzeugelektronik das Verteilerprinzip deutlich. Der Fahrtregler wird aufgrund seiner verhältnismäßig großen Lötpads als Verteiler genutzt

Platinenherstellung

Auch bei der Platinenherstellung werden allerlei Gerätschaften in den verschiedenen Preisklassen feilgeboten. In meiner Alchemistenecke hat sich eine kleine 1,5-l-Tauchätzanlage bewährt

Komplettiert wird meine Platinenherstellung durch einen Belichter mit Neonröhren

Vorbei die Zeit, in der eine Schaltung mal eben auf Lochraster zusammengestellt werden konnte. Natürlich passen auch die SMD-Teile wunderbar zwischen die Lötaugen der Lochrasterplatinen und auch Aufbau ganz ohne Platine ist zumindest bei übersichtlichen Schaltungen eine gute Alternative. Was bei einem einfachen Fahrtregler oder Zweikanalschalter noch problemlos möglich ist, wird bei größeren Schaltungen fast unmöglich. Spätestens bei der Fehlersuche neigt man dann schnell zum Durchdrehen.

Layout

Somit sollten wir uns also auch kurz mit der Platinenherstellung beschäftigen. Für den Hobbybereich sind zahlreiche Layoutprogramme kostenlos verfügbar. Bei mir hat sich das Programm „Eagle“ von der Firma CadSoft bewährt. Natürlich gibt es noch weitere gute Layoutprogramme, die zum Teil für die nicht kommerzielle Anwendung sogar kostenlos sind. Es fällt schwer hier über „gut“ oder „schlecht“ zu urteilen, es kommt zumeist auf die persönlichen Vorlieben und Arbeitsweisen an. Eine detaillierte Programmbeschreibung würde hier den Rahmen sprengen, zumal es da sehr gute Anleitungen und Hilfestellungen in den Programmen selber und im Internet gibt. Man kann übrigens sogar mit Paint oder jedem anderen „Malprogramm" Layoutvorlagen erstellen.

Sehr wichtig ist die Maßhaltigkeit beim Ausdruck. Denn es ist schon sinnvoll, wenn die Pads nachher über den Lötflächen der Platine liegen. Des Weiteren ist es wichtig, scharfe Kanten im Druck zu erhalten. Als Finger weg von .jpg oder anderen Komprimierungstechniken. Zwei-Farben-Bitmap oder Vector ist optimal. Beim Bitmap ist noch etwas auf die Auflösung zu achten, sodass schräg Leiterbahnen nicht gleich als Treppen erscheinen.

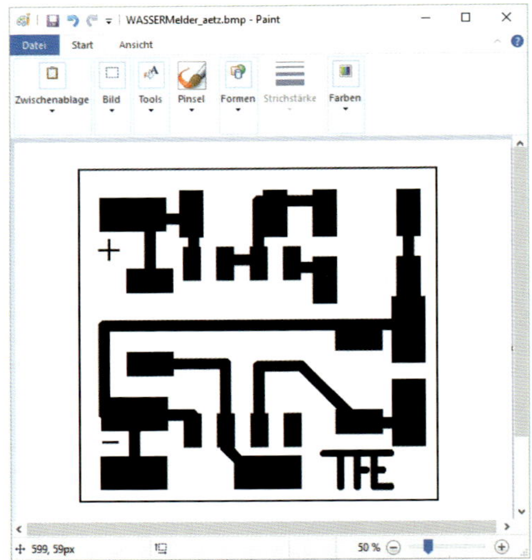

Selbst in Paint können Platinen gezeichnet oder Zeichnungen eines professionellen Layoutprogramms noch aufgehübscht werden. So versehe ich die Layouts gerne mit einem feinen Rand und lege ein Logo drauf, um die seitenrichtige Verwendung der Folie sicherzustellen

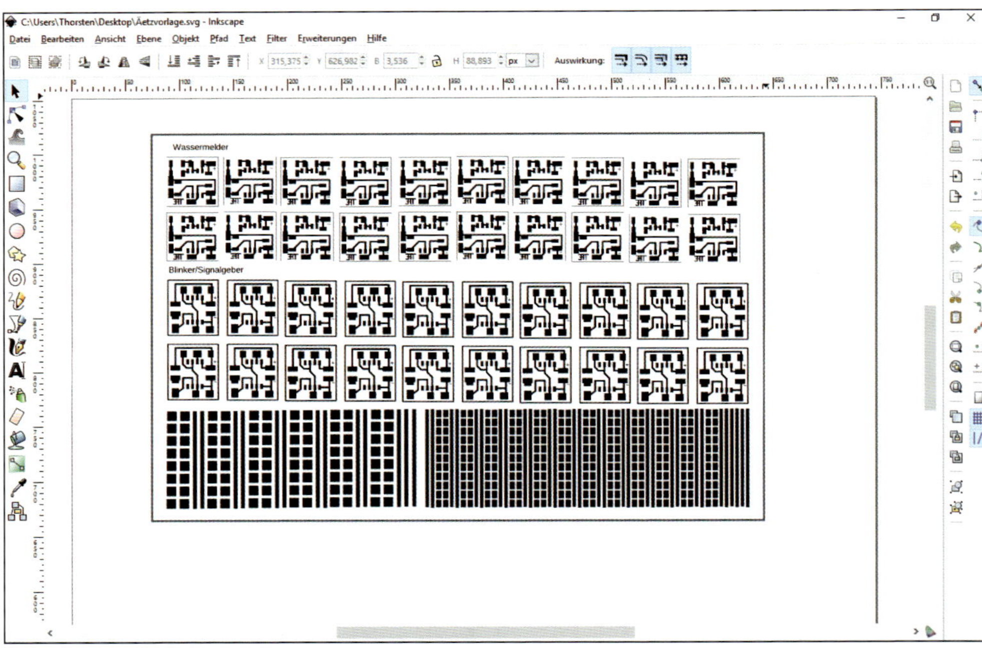

Auch wenn die eigentliche Schaltung und das dazugehörige Board-Layout vorzugsweise mit einem professionellen Programm geschieht, bevorzuge ich danach den Weg über einen TIF-Export der Platine. Diese TIF-Bilder importiere ich dann in ein Office- bzw. Zeichenprogramm, z.B. Inkscape, um hier die 10×16-cm-Platine zu füllen

Es ist sinnvoll eine Platine zu Ätzen, wenn diese satt gefüllt ist. Einige Platinen zur Reserve sind immer willkommen. Wenn dann noch Platz ist, fülle ich diesen gerne mit Verteilerleisten und Pads für Vorwiderstände. Diese leisten dann gute Hilfe, wenn es um die Verdrahtung im Modell geht.

Auf der Platine sollte auch immer ein Zeichen sein, welches später seitenrichtig zu lesen ist. Durch das Spiegeln kommt man so nicht so leicht durcheinander und erkennt schnell die korrekte Seite der Folie beim Belichten.

Ist das Layout einmal aufgezeichnet, kann es zunächst auf Papier gedruckt werden. Durch Auflegen einiger Bauteile werden dann der korrekte Pinabstand und die Maßhaltigkeit des Ausdrucks kontrolliert. Gerade bei ICs fällt eine eventuelle Ungenauigkeit sehr schnell auf. Eigentlich sollten die Drucker in der Lage sein, maßhaltig zur drucken, jedoch gibt dieser Kontrollschritt zusätzliche Sicherheit. Stimmen die Maße wird die Platine noch einmal auf klarer Folie gedruckt. Dabei ist darauf zu achten, dass die bedruckte Seite auch die Lötseite der Platine sein wird. Das Bild ist also gegebenenfalls zu spiegeln. Der Ausdruck, egal ob nun mit Tinte oder Toner muss unbedingt satt schwarz und lichtundurchlässig sein. Wenn man die Folie gegen das Licht hält, kann daraufhin kontrolliert werden.

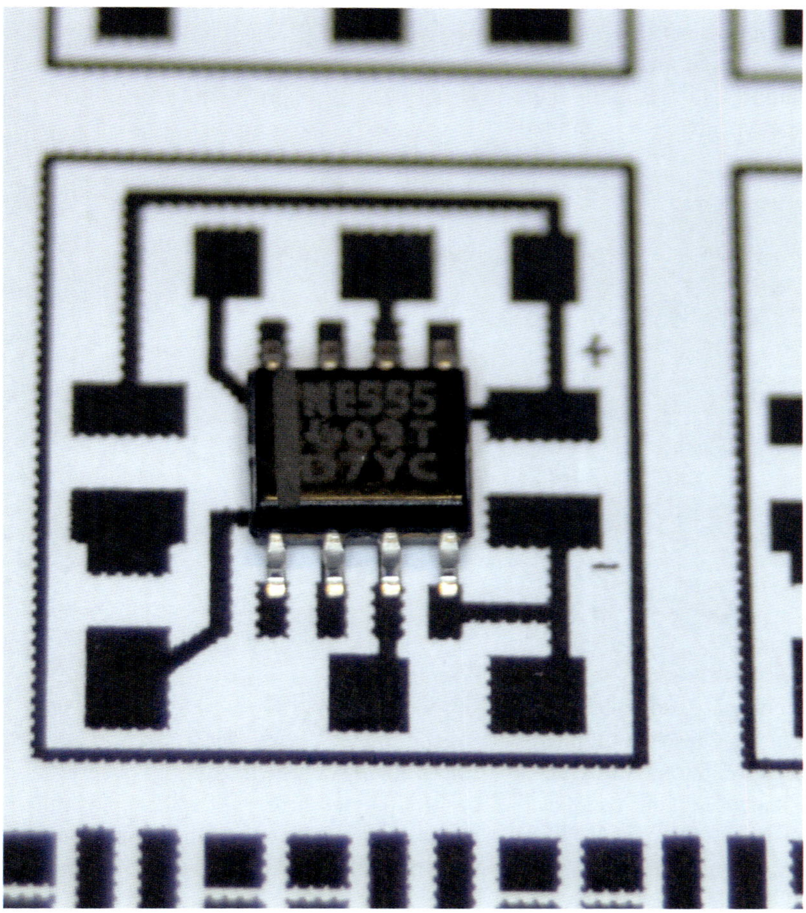

Für die schnelle Kontrolle wird einfach das größte Bauteil auf den Ausdruck gelegt. Wenn die Anschlusspads auf die Lötflächen treffen, ist alles ok

Belichten

Im nächsten Schritt geht es darum, die Schaltung auf die eigentliche Platine zu bekommen. Im Elektronikhandel gibt es dazu speziell mit Fotolack beschichtete Platinen. Zunächst wird die Schutzfolie von der Platine abgezogen und dann der Ausdruck so darauf gelegt, dass die gedruckte Seite direkt auf der Platine aufliegt. So wird seitliches Streulicht vermieden, welches aufgrund der Dicke der Druckfolie die Leiterbahnen schmaler werden lässt. Damit die Folie wirklich sauber aufliegt, muss das Ganze z.B. mit einer Glasplatte beschwert werden. Die eigentliche Belichtung geschieht dann mit einer UV-Lampe. Auch diese ist im Elektronikhandel erhältlich. Bei der Belichtungszeit mit einer solchen Lampe sind sicher einige Experimente notwendig. Je nach Abstand von Lampe zur Platine und Beschaffenheit der Glasscheibe können dies schon einmal fünf Minuten sein.

Die einfachste Methode wäre das Belichten mit einer Nitraphotlampe. Diese UV-Glühlampen erfordern allerdings Experimentierfreude, bis die korrekte Belichtungszeit und der richtige Abstand zwischen Platine und Lichtquelle gefunden sind. Etwas komfortabler sind die fertigen Belichter mit UV-Röhren

Jedoch bekommt man für einen überschaubaren Preis auch fertige Belichter. Hier wird mit einer UV-Röhre die Platine belichtet, während der Deckel die Platine mit der Folie fixiert. Nach 120 Sekunden ist der Belichtungsvorgang beendet. Sinnigerweise haben diese Belichter auch gleich eine Zeitschaltuhr eingebaut.

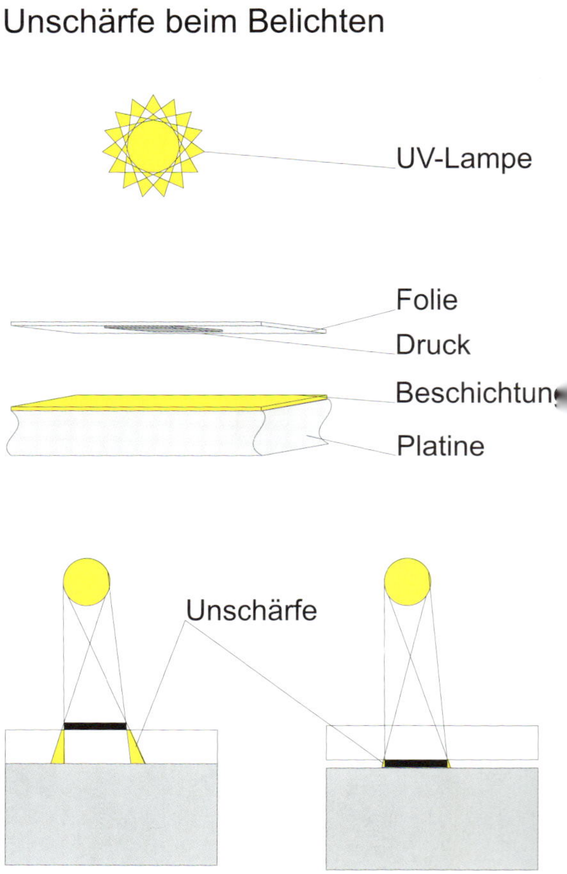

Selbst auf die kurze Distanz der Foliendicke besteht die Gefahr, dass Streulicht die Stellen hinter der schwarzen Farbe belichten können. Liegt die Druckseite direkt auf der Platine auf, wird dieses Problem minimiert

Ist die Platine fertig belichtet, kommt sie ins Entwicklerbad. Bereits nach kurzer Zeit sollten die Leiterbahnen leicht sichtbar sein. Im Bad lösen sich die belichteten Stellen zwischen den Leiterbahnen und Lötpads auf. Übrig bleiben die unbelichteten, weil schwarz abgedeckten, Leiterbahnen und Lötpads. Neben dem bekannten Ätznatron eignet sich auch das als Spezialentwickler angebotene Pulver sehr gut. Es wird nach Anleitung mit warmem Wasser angesetzt und die Platine dort hineingelegt. Mit Kunststoffpinzetten und einem Pinsel wird in dem Bad hantiert und kontrolliert, wann sich die belichtete Beschichtung löst. Je nach Alter des Entwicklers sollte nach 10 Minuten die Schaltung klar auf der ansonsten blanken Platine zu erkennen sein.

Dann wird die Platine aus dem Bad genommen und unter klarem lauwarmen Wasser abgespült, um den Entwicklungsprozess zu stoppen. Das benötigte Werkzeug unterscheidet sind etwas von unserer üblichen Ausstattung. Metalle sind angesichts der Säuren und Laugen möglichst zu vermeiden. Ich habe mir aus dem „1-Euro-Shop“ einen Satz Kunststoffpinzetten und Tuschpinsel besorgt, welche ausschließlich hier zum Einsatz kommen.

Eine kleine Schale reicht zur Platinenentwicklung völlig aus. Da wir hier mit Chemikalien rumplanschen, empfiehlt sich entsprechend alte Kleidung und die räumliche Nähe zum nächsten Waschbecken

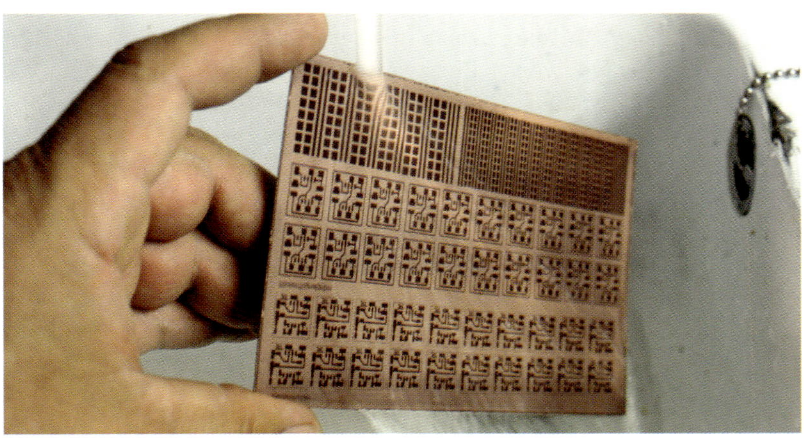

Sind die Stellen zwischen den Leiterbahnen metallisch blank, muss der Entwicklungsprozess gestoppt werden. Dies geschieht, indem die Platine unter fließendem Wasser abgespült wird

Wird hinter der Platine eine Lichtquelle platziert, kann man gut erkennen, an welchen Stellen die Kupferschicht bereits entfernt ist

Ätzen

Auch der Ätzvorgang kann rein technisch natürlich in irgendwelchen Schalen mit den verschiedensten Mitteln erfolgen. Bewährt hat sich bei mir eine Tauchätzanlage mit Natriumpersulfat als Ätzmittel. Durch eine Luftpumpe wird das Bad in Bewegung gehalten. Eine Aquarienheizung sorgt für die beim Ätzen bevorzugte Temperatur von 40 Grad Celsius. Nach gut fünf Minuten sollte, abhängig vom Zustand des Ätzbades, die Schaltung bereits erkennbar sein und sich die belichteten Stellen so langsam auflösen. Sobald alle belichteten Stellen aufgelöst und frei von Kupfer sind, kann die Platine entnommen werden und wieder unter klarem Wasser abgespült werden. Mit handelsüblichem Brennspiritus wird nun der Lack von den Leiterbahnen entfernt und die Platine ist bereit zur Bestückung.

Da man zumeist komplette Europlatinen mit mehreren Schaltungen ätzen wird und nur selten alle sofort benötigt, sollte die Platine mit Schutzlack gegen Oxidation geschützt werden. Andernfalls muss vor dem jeweiligen Bestücken wie bereits beschrieben der Glashaarradierer zum Einsatz kommen.

Allzu viel Hektik ist bei der Platinenherstellung ungesund. Damit die chemischen Prozesse sauber zu Ende kommen können, sollte zwischen den Schritten ein paar Minuten Pause liegen. Das Entwicklerbad bekommt man wie auch das Ätzmittel im gut sortieren Elektronikhandel. Diese fertig dosierten und abgepackten Beutel kommen zumeist mit einer Anleitung und Verarbeitungshinweisen daher. Auch wenn hier nichts explodiert oder knallt, haben wir es doch mit Chemikalien zu tun. Die Vorsichtsmaßregeln der Beipackzettel sind daher ernst gemeint. Gleiches gilt für die Entsorgungshinweise.

Fehlerquellen

Gerade beim Ätzen können sich einige Fehler einschleichen, denn die chemischen Prozesse hängen von einigen nur schwer steuerbaren Einflüssen ab.

Zunächst sollten sowohl die Chemikalien als auch das Platinenmaterial nicht überlagert sein, bzw. falsch gelagert werden. Dunkel kühl und trocken lagern ist hier immer richtig. Auch wenn die Hersteller gerne von unbegrenzter Lagerfähigkeit sprechen, sind nach meiner Erfahrung fünf Jahre alte Platinen oder Chemikalien kaum noch brauchbar.

Bei der Belichtung gibt es bei der Verwendung eines Röhrenbelichter nur wenig falsch zu machen, zwei Minuten UV-Bestrahlung und fertig.

Anders hingegen beim Entwickeln. Je nach Zustand des Bades kann dies eine Minute oder auch schon mal deutlich über fünf Minuten dauern. Hier ist drauf zu achten, dass die Flächen zwischen den Leiterbahnen wirklich blank sind. Andernfalls kann das Ätzbad hier nicht wirken.

Die noch vorhandene Beschichtung wird mit Brennspiritus entfernt. Wer mag, kann die Platine nun noch mit Lötlack versehen. Dann entfällt die Behandlung mit einem Glashaarradierer nach längerer Lagerzeit

Auch beim Ätzen kommt es stark auf den Zustand des Bades an. Ist es verbraucht, oder stimmt die Temperatur nicht dauert der Vorgang länger und die Leiterbahnen werden mehr hinterätzt.

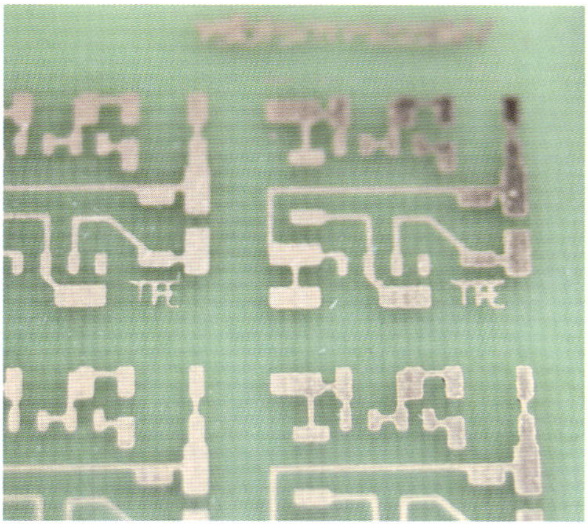

Hier wurde zu schwach entwickelt. Als Folge davon musste länger geätzt werden, um die Leiterbahnen freizulegen. Die dünne Platinenumrandung ist bereits völlig verschwunden, die Lötpads sind zunehmend rund

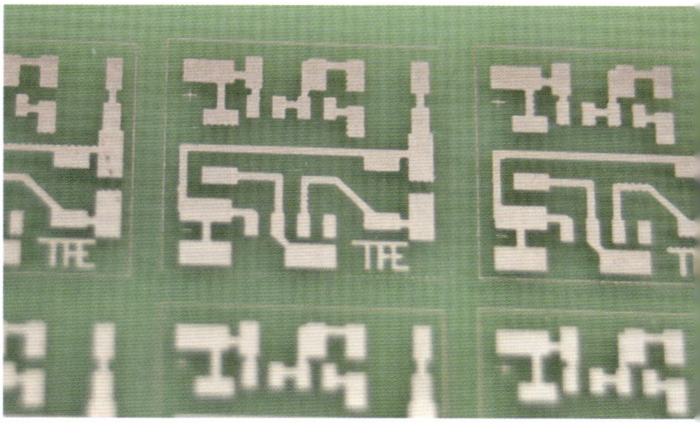

Die Platinenumrandung ist größtenteils noch vorhanden und die Lötpads zeichnen sich scharf ab. Eine dünne Linie um die Platine ist hier übrigens ein guter Indikator. Er ist dünner als die dünnste Leiterbahn und zeigt durch sein Verschwinden an, wenn die Gefahr von Hinterätzungen zu groß wird

Entsorgung

Die verbrauchten Chemikalien gehören nicht ins Abwasser. Es empfiehlt sich, diese in gut beschrifteten Kanistern zwischenzulagern und dann beim örtlichen Abfallwirtschaftsbetrieb abzugeben. Nach meiner Erfahrung ist die Entsorgung in kleineren „haushaltsüblichen“ Gebinden dort kostenlos.

Falls einem die Hantiererei mit den Chemikalien nicht liegt, bieten einige Anbieter auch einen Ätz-Service an. In solchen Fällen wird lediglich das Layout erstellt und über das Internet die Platine in Auftrag gegeben. Nach ein paar Tagen liegt die fertig geätzte Platine dann im Briefkasten.

Exotische Einsatzmöglichkeiten

Neben der zweckbestimmten Anwendung der Bauteile kann man sich dessen vielfältige Form auch zu anderen Zwecken zunutze machen. So gleicht eine SMD-Diode einem Ölfass im Maßstab 1:200 bzw- einem Hydraulikgeber in 1:50 und aus SMD-Widerstände werden Kisten oder Schalttafeln. Ganze Platinen können auch sichtbar am Modell befestigt und überlackiert werden. Sie fallen je nach Modell kaum auf.

Um wieder etwas Ernst in die Sache zu bringen, können auch zweckbestimmt eingesetzte Bauteile dekorativ am Modell platziert werden. Vorwiderstände am Mast eines Schiffes werden so zu maßstäblichen Verteilerdosen. Ein SMD Taster neben der Tür bildet einen Lichtschalter nach und übernimmt sogar die gleiche Funktion oder schaltet das Modell ein bzw. aus.

Die Platine des Zweikanalschalters hinter dem Fahrerhaus fällt trotz gelber Lackierung auf den zweiten Blick noch auf. Dass die Staukästen rechts und links daneben im wahren Leben SMD-Relais sind, bleibt dem Beobachter jedoch verborgen

LED

Leuchtdioden nehmen hier eine besondere Stellung ein. Das Angebot an verschiedenen Formen und Größen ist von Haus aus schon sehr groß. So finden wir zumeist schon ideale Formen, um im Modell als Beleuchtung, Positionslicht, Innenbeleuchtung oder Suchscheinwerfer verbaut zu werden. Hier können wir auch die herkömmlichen LEDs mit einbeziehen, denn beide lassen sich in ihren Gehäuseformen noch optimieren, um daraus die gewünschte Modellbeleuchtung zu erhalten.

Die Decksscheinwerfer bestehen lediglich aus lackierten LED. Das Buglicht dazwischen in Form einer 0603-LED benötigt nicht einmal ein Gehäuse. Wenngleich sich 0603-LED auch wunderbar in Gehäusen von Modellscheinwerfern integrieren lassen, wie der Suchscheinwerfer auf dem Dach zeigt. Dass sich SMD-Bauteile auch ohne Stromfluss für den Modellbau eignen, zeigt die MELF-Diode, welche als Deckspoller zweckentfremdet wurde

Üblicherweise haben LEDs ein relativ klares Licht mit geringem Abstrahlwinkel. Im Modell brauchen wir jedoch des Öfteren eher diffuse Lampenkörper mit weitem Abstrahlwinkel. Hier können die Kunststoffkörper der LEDs einfach mit feinem Schmirgelpapier aufgeraut werden. Somit wird das Licht gebrochen und streut je nach Oberfläche in alle Richtungen. Soll dann doch eine gewisse Richtwirkung erzielt werden, kann aus Alufolie ein lichtdichter Reflektor um die LED geklebt werden. Solange der Bond-Draht, die Anschlüsse oder der Chip der LED nicht beschädigt wird, kann der Kunststoffkörper fast beliebig bearbeitet werden. So lässt sich aus den sowieso schon in vielen Formen erhältlichen Bauteilen fast jedes Lampengehäuse herausarbeiten.

Selbst die SMD-LED können noch in Grenzen modifiziert werden. Wenngleich die kleineren Exemplare sich auch ohne Veredlung in die meisten Modelllampen integrieren lassen.

Die Auswahl der richtigen Vorwiderstände ist bei den LEDs sehr wichtig. Denn schließlich soll ein Blinker nicht das Fernlicht überstrahlen. Auch wenn die LED-Hersteller die wichtigsten Daten mitgeliefert haben, ist hier etwas Experimentierfreude gefordert. Der LED-Tester aus dem Messgeräte-Kapitel leistet schon mal gute Dienste. Den endgültigen Wert jedoch findet man zumeist erst beim fertigen Modell. Ein weiterer Grund, die Vorwiderstände gut erreichbar auf einer Lötleiste zusammenzufassen.

Um den Vorwiderstand rechnerisch zu bestimmen, hilft uns das Ohmsche Gesetz ($U=R\times I$). Außerdem die Tatsache, dass sich in einer Reihenschaltung die Spannungen aufteilen, während der Strom durch die einzelnen Komponenten identisch ist.

Ein kurzer Blick ins Datenblatt der LED gibt Aufschluss über die Daten. In diesem Fall ist es eine maximale Betriebsspannung

Um die Decksleuchten meines 1:87-Schlepper zu realisieren, wurden einfach 0603-SMD-LED in ein Stück transparenten Silikonschlauch gesteckt und verdrahtet. Die LED wurde dann auf der Rückseite schwarz lackiert. Durch den Schlauch wird das Licht gebrochen und gibt einen schönen Effekt

von 2,35 V und ein maximaler Strom von 25 mA. Ein besonderes Augenmerk gilt dem kleinen Wort „maximal". Denn die LED leuchtet schon bei weitaus geringeren Strömen, nur höher sollte er nicht sein.

Angenommen wir haben eine Betriebsspannung von 5 V. Abzüglich der 2,35 V der LED verbleiben also 2,65 V für den Vorwiderstand. Die 25 mA Maximalstrom würden demnach einen Vorwiderstand von R=U/I also R=2,65/0,025 also 106 Ohm ergeben. Hier kommt nun die oben erwähnte Experimentierfreude ins Spiel. Erfahrungsgemäß sind bereits 5 mA mehr als genug. Mit den geänderten Ausgangswerten kommen wir nun auf 530 Ohm.

Während das Fernlicht alles überstrahlt, sind die Zusatzscheinwerfer deutlich schwächer eingestellt. Der Blinker ist als Signal wahrzunehmen, leuchtet jedoch nicht gleich die ganze Umgebung aus

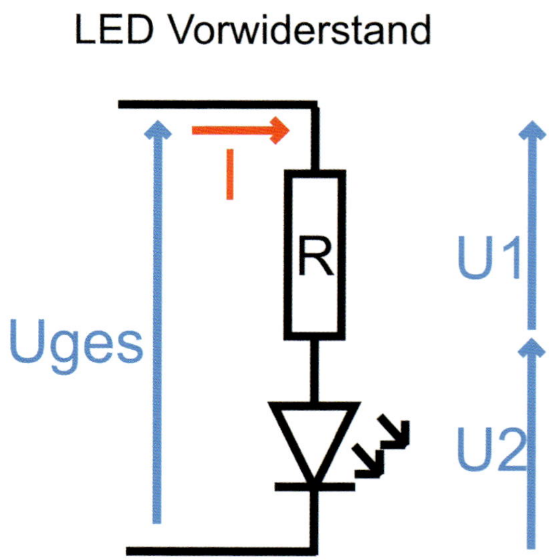

$$R = \frac{(Uges - U1)}{I}$$

Die LED teilt sich mit dem Vorwiderstand die angelegte Spannung, während der gleiche Strom durch beide Bauteile fließt

Bezugsquellen

SMD Bauteile

Reichelt Elektronik
www.reichelt.de

Ätzmittel/Platinen

Conrad Elektronik
www.conrad.de

Ätzanlagen, Belichter, Ätzmittel

Saemann
www.saemann-aetztechnik.de

vth Die ganze Welt des Modellbaus
SHERPA Trophy
TOYOTA
BLACKY
MEHR ALS 3.000
FASZINATION BAUPLÄNE
LEIDENSCHAFT FACHZEITSCHRIFTEN
MEHR ALS 200
BÜCHER TRADITION SONDERHEFTE BEGEISTERUNG
LIEBE ZUM DETAIL FRÄSTEILE KOMPETENZ
vth Verlag für Technik und Handwerk neue Medien GmbH
Robert-Bosch-Str. 2-4, 76532 Baden-Baden, Tel.: 07221 - 5087 -0
Internet: www.vth.de
Shop: shop.vth.de